令和5年度 2023年版

図解でよくわかる

2級土木施工管理技術検定 第2次検定

速水洋志　吉田勇人　共著

誠文堂新光社

2023年版
図解でよくわかる
2級土木第2次検定
施工管理技術検定

目　次

《巻末付録》令和４年度 第２次検定問題・解説・解答試案

2 級土木施工管理技術検定
第２次検定
受検資格について　8

2 級土木施工管理技術検定
第２次検定
概要と学習対策　13

2 級土木施工管理技術検定
第２次検定
必須問題
1　経験記述　17

経験記述文章例文50集 32

2 級土木施工管理技術検定
第２次検定
2 土 工 135

2 級土木施工管理技術検定
第２次検定
3 コンクリート 185

表紙参考資料：PIXTA

まえがき

「2 級土木施工管理技士」になるには，**2 級土木施工管理技術検定**の「**第 1 次検定**」に合格して **2 級土木施工管理技士補**となり，定められた実務経験の年数に達してから受検する「**第 2 次検定**」に**合格することが必要条件**です。「**第 2 次検定**」は机上の学習だけでは対応が難しく，経験重視の高度な試験内容となっています。

「**第 2 次検定**」は，受検者自身の経験が問われるとともに，その経験をいかにわかりやすく簡潔に表現するかという技術の審査です。したがって，繰り返しの学習により体得するものでなければなりません。

本書は，このような最近の傾向を十分把握し，過去の問題を重点としつつも，近年の新分野における「**出題傾向**」**を分析し**，「**チェックポイント」では図解を含めた解説・解答で編集**いたしました。

特に**「経験記述文章」**では，**多くの土木工事種類，工種，施工管理種別に対応**できるように，**「経験記述文章の例文 50 集」**を掲載するとともに，**「学科記述問題」**においては，**過去 8 年間全ての出題**に関しての解説及び模範解答試案を掲載しました。

なお，**第 2 次検定**の合格を逃がしても，**第 1 次検定に合格**し「**2 級土木施工管理技士補**」となったあなたは，**期間や回数の制約なく「第 2 次検定」を受検**することができます。

本書を有効に活用され，検定に合格されることを心よりお祈りいたします。

共 著：速水洋志／吉田勇人

2 級土木施工管理技術検定
第 2 次検定

受検資格について

■2 級土木施工管理技術検定「第 2 次検定」受検対象区分及び受検資格

(1) 受検対象者

以下の受検対象区分①～③のいずれかに該当する者が「第 2 次検定」のみ受検できます。

受検対象区分①

「第 1 次検定・第 2 次」を受検し，第一次検定のみ合格した者

受検対象区分②

「第 1 次検定のみ」を受検して合格し，所定の実務経験を満たした者

受検対象区分③

技術士試験の合格者で，所定の実務経験を満たした者

※技術士法による第二次試験のうち，（平成 15 年文部科学省令第 36 号による技術士法施行規則の一部改正前の第二次試験合格者を含む）のうち以下の技術部門に合格した者

- **建設部門，水道部門，上下水道部門**
- **農業部門**（選択科目：農業土木，農業農村工学）
- **林業部門**（選択科目：森林土木）
- **森林部門**（選択科目：森林土木）
- **水産部門**（選択科目：水産土木）
- **総合技術監理部門**（選択科目：建設部門，水道部門，上下水道部門のいずれかに係るもの）
- **総合技術監理部門**（選択科目：農業土木，森林土木，水産土木）

受検対象区分④

平成 28 年度から令和 2 年度の「学科試験のみ」を受検して合格し，所定の実務経験を満たした者は，当該合格年度の初日から起算して 12 年以内に連続して 2 回の「第 2 次検定」を第 1 次検定免除で受検することができます。

※第一次検定が免除されるのは，合格した学科試験と同じ受検種目・受検種別に限ります。

※平成 27 年度以前の「学科試験のみ」合格者は，個別に当センターにお問い合わせください。

学　歴	土木施工管理に関する実務経験年数	
	指　定　学　科	指　定　学　科　以　外
大学 専門学校 （「高度専門士」に限る）	卒業後　1 年以上 の実務経験年数	卒業後　1 年 6 ヵ月以上 の実務経験年数
短期大学 高等専門学校（5 年制） 専門学校（「専門士」に限る）	卒業後　2 年以上 の実務経験年数	卒業後　3 年以上 の実務経験年数
高等学校 中等教育学校（中高一貫 6 年） 専修学校の専門課程	卒業後　3 年以上 の実務経験年数	卒業後　4 年 6 ヵ月以上 の実務経験年数
その他（学歴を問わず）	8 年以上の実務経験年数	

■土木施工管理に関する「実務経験」について

「実務経験」とは，土木一式工事の実施にあたり，その施工計画の作成及び当該工事の工程管理，品質管理，安全管理等工事の施工の管理に直接的に関わる技術上のすべての職務経験をいいます。

①**受注者（請負人）として施工を指揮・監督した経験**（施工図の作成や，補助者としての経験も含む）

②**発注者側における現場監督技術者等**（補助者としての経験も含む）**としての経験**

③**設計者等による工事監理の経験**（補助者としての経験も含む）

■土木施工管理に関する実務経験として「認められる」工事種別・工事内容

①受検種別「土木」に該当する工事種別・工事内容

工事種別	工　事　内　容
A. 河川工事	1. 築堤工事，2. 護岸工事，3. 水制工事，4. 床止め工事，5. 取水堰工事，6. 水門工事，7. 樋門（樋管）工事，8. 排水機場工事，9. 河道掘削（浚渫工事），10. 河川維持工事（構造物の補修）
B. 道路工事	1. 道路土工（切土，路体盛土，路床盛土）工事，2. 路床・路盤工事，3. 法面保護工事，4. 舗装（アスファルト，コンクリート）工事（※個人宅地内の工事は除く），5. 中央分離帯設置工事，6. ガードレール設置工事，7. 防護柵工事，8. 防音壁工事，9. 道路施設等の排水工事，10. トンネル工事，11. カルバート工事，12. 道路付属物工事，13. 区画線工事，14. 道路維持工事（構造物の補修）
C. 海岸工事	1. 海岸堤防工事，2. 海岸護岸工事，3. 消波工工事，4. 離岸堤工事，5. 突堤工事，6. 養浜工事，7. 防潮水門工事
D. 砂防工事	1. 山腹工工事，2. 堰堤工事，3. 地すべり防止工事，4. がけ崩れ防止工事，5. 雪崩防止工事，6. 渓流保全（床固め工，帯工，護岸工，水制工，渓流保護工）工事
E. ダム工事	1. 転流工工事，2. ダム堤体基礎掘削工事，3. コンクリートダム築造工事，4. 基礎処理工事，5. ロックフィルダム築造工事，6. 原石採取工事，7. 骨材製造工事
F. 港湾工事	1. 航路浚渫工事，2. 防波堤工事，3. 護岸工事，4. けい留施設（岸壁，浮桟橋，船揚げ場等）工事，5. 消波ブロック製作・設置工事，6. 埋立工事
G. 鉄道工事	1. 軌道盛土（切土）工事，2. 軌道敷設（レール，まくら木，道床敷砂利）工事（架線工事を除く），3. 軌道路盤工事，4. 軌道横断構造物設置工事，5. ホーム構築工事，6. 踏切道設置工事，7. 高架橋工事，8. 鉄道トンネル工事，9. ホームドア設置工事
H. 空港工事	1. 滑走路整地工事，2. 滑走路舗装（アスファルト，コンクリート）工事，3. エプロン造成工事，4. 滑走路排水施設工事，5. 燃料タンク設置基礎工事
I. 発電・送変電工事	1. 取水堰（新設・改良）工事，2. 送水路工事，3. 発電所（変電所）設備コンクリート基礎工事，4. 発電・送変電鉄塔設置工事，5. ピット電線路工事，6. 太陽光発電基礎工事
J. 通信・電気土木工事	1. 通信管路（マンホール・ハンドホール）敷設工事，2. とう道築造工事，3. 鉄塔設置工事，4. 地中配管埋設工事
K. 上水道工事	1. 公道下における配水本管（送水本管）敷設工事，2. 取水堰（新設・改良）工事，3. 導水路（新設・改良）工事，4. 浄水池（沈砂池・ろ過池）設置工事，5. 浄水池ろ材更生工事，6. 配水池設置工事
L. 下水道工事	1. 公道下における本管路（下水管・マンホール・汚水桝等）敷設工事，2. 管路推進工事，3. ポンプ場設置工事，4. 終末処理場設置工事

工事種別	工　事　内　容
M. 土地造成工事	1. 切土・盛土工事，2. 法面処理工事，3. 擁壁工事，4. 排水工事，5. 調整池工事，6. 墓苑（園地）造成工事，7. 分譲宅地造成工事，8. 集合住宅用地造成工事，9. 工場用地造成工事，10. 商業施設用地造成工事，11. 駐車場整地工事　※個人宅地内の工事は除く
N. 農業土木工事	1. 圃場整備・整地工事，2. 土地改良工事，3. 農地造成工事，4. 農道整備（改良）工事，5. 用排水路（改良）工事，6. 用排水施設工事，7. 草地造成工事，8. 土壌改良工事
O. 森林土木工事	1. 林道整備（改良）工事，2. 擁壁工事，3. 法面保護工事，4. 谷止工事，5. 治山堰堤工事
P. 公園工事	1. 広場（運動広場）造成工事，2. 園路（遊歩道・緑道・自転車道）整備（改良）工事，3. 野球場新設工事，4. 擁壁工事
Q. 地下構造物工事	1. 地下横断歩道工事，2. 地下駐車場工事，3. 共同溝工事，4. 電線共同溝工事，5. 情報ボックス工事，6. ガス本管埋設工事
R. 橋梁工事	1. 橋梁上部（桁製作，運搬，架線，床版，舗装）工事，2. 橋梁下部（橋台・橋脚）工事，3. 橋台・橋脚基礎（杭基礎・ケーソン基礎）工事，4. 耐震補強工事，5. 橋梁（鋼橋，コンクリート橋，PC橋，斜張橋，つり橋等）工事，6. 歩道橋工事
S. トンネル工事	1. 山岳トンネル（掘削工，覆工，インバート工，坑門工）工事，2. シールドトンネル工事，3. 開削トンネル工事，4. 水路トンネル工事
T. 土木構造物解体工事	1. 橋脚解体工事，2. 道路擁壁解体工事，3. 大型浄化槽解体工事，4. 地下構造物（タンク）等解体工事
U. 建築工事（ビル・マンション等）	1. PC 杭工事, 2. RC 杭工事, 3. 鋼管杭工事, 4. 場所打ち杭工事, 5. PC 杭解体工事, 6. RC 杭解体工事，7. 鋼管杭解体工事，8. 場所打ち杭解体工事，9. 建築物基礎解体後の埋戻し，10. 建築物基礎解体後の整地工事（土地造成工事），11. 地下構造物解体後の埋戻し，12. 地下構造物解体後の整地工事（土地造成工事）
V. 個人宅地工事	1. PC 杭工事，2. RC 杭工事，3. 鋼管杭工事，4. 場所打ち杭工事，5. PC 杭解体工事，6. RC 杭解体工事，7. 鋼管杭解体工事，8. 場所打ち杭解体工事
W. 浄化槽工事	1. 大型浄化槽設置工事（ビル，マンション，パーキングエリアや工場等大規模な工事）
X. 機械等設置工事（コンクリート基礎）	1. タンク設置に伴うコンクリート基礎工事，2. 煙突設置に伴うコンクリート基礎工事，3. 機械設置に伴うコンクリート基礎工事
Y. 鉄管・鉄骨製作	1. 橋梁，水門扉の工場での製作
Z. 上記に分類できないその他の土木工事	代表的な工事内容を実務経験証明書の工事内容欄に記入してください。

※「解体工事業」は建設業許可業種区分に新たに追加されました。（平成 28 年 6 月 1 日施行）
※解体に係る全ての工事が土木工事として認められる訳ではありません。
※上記道路維持工事（構造物の補修）には道路標識柱，ガードレール，街路灯，落石防止網等の道路付帯設備塗装工事が含まれます。

②受検種別「鋼構造物塗装」に該当する工事種別・工事内容

工事種別	工　事　内　容
A A. 鋼構造物塗装工事	1. 鋼橋塗装工事，2. 鉄塔塗装工事，3. 樋門扉・水門扉塗装工事，4. 歩道橋塗装工事

③受検種別「薬液注入」に該当する工事種別・工事内容

工事種別	工　事　内　容
A B. 薬液注入工事	1. トンネル掘削の止水・固結工事，2. シールドトンネル発進部・到達部地盤防護工事，3. 立坑底盤部遮水盤造成工事，4. 推進管周囲地盤補強工事，5. 鋼矢板周囲地盤補強工事　※建築工事，個人宅地内の工事は除く

■土木施工管理に関する実務経験とは「認められない」工事等

工事種別	工事内容
建築工事（ビル・マンション等）	躯体工事，仕上工事，基礎工事，杭頭処理工事，建築基礎としての地盤改良工事（砂ぐい，柱状改良工事等含む）等
個人宅地内の工事	個人宅地内における以下の工事 造成工事，擁壁工事，地盤改良工事（砂ぐい，柱状改良工事等含む），建屋解体工事，建築工事及び駐車場関連工事，基礎解体後の埋戻し，基礎解体後の整地工事 等
解体工事	建築物建屋解体工事，建築物基礎解体工事 等
上水道工事	敷地内の給水設備等の配管工事 等
下水道工事	敷地内の排水設備等の配管工事 等
浄化槽工事	浄化槽設置工事（個人宅等の小規模な工事）等
外構工事	フェンス・門扉工事等囲障工事 等
公園（造園）工事	植栽工事，修景工事，遊具設置工事，防球ネット設置工事，墓石等加工設置工事 等
道路工事	路面清掃作業，除草作業，除雪作業，道路標識工場製作，道路標識管理業務 等
河川・ダム工事	除草作業，流木処理作業，塵芥処理作業 等
地質・測量調査	ボーリング工事，さく井工事，埋蔵文化財発掘調査 等
電気工事 通信工事	架線工事，ケーブル引込工事，電柱設置工事，配線工事，電気設備設置工事，変電所建屋工事，発電所建屋工事，基地局建屋工事 等
機械等製作・塗装・据付工事	タンク，煙突，機械等の製作・塗装及び据付工事　等
コンクリート等製造	工場内における生コン製造・管理，アスコン製造・管理，コンクリート2次製品製造・管理 等
鉄管・鉄骨製作	工場での製作 等
建築物及び建築付帯設備塗装工事	階段塗装工事，フェンス等外構設備塗装工事，手すり等塗装工事，鉄骨塗装工事 等
機械及び設備等塗装工事	プラント及びタンク塗装工事，冷却管及び給油管等塗装工事，煙突塗装工事，広告塔塗装工事 等
薬液注入工事	建築工事（ビル・マンション等）における薬液注入工事（建築物基礎補強工事等），個人宅地内の工事における薬液注入工事，不同沈下建造物復元工事 等

■土木施工管理に関する実務経験として「認められない」業務・作業等

※土木工事の施工に直接的に関わらない次のような業務などは認められません。

①工事着工以前における設計者としての基本設計・実施設計のみの業務

②測量，調査（点検含む），設計（積算を含む），保守・維持・メンテナンス等の業務
※ただし，施工中の工事測量は認める。

③現場事務，営業等の業務

④官公庁における行政及び行政指導，研究所，学校（大学院等），訓練所等における研究，教育及び指導等の業務

⑤アルバイトによる作業員としての経験

⑥工程管理，品質管理，安全管理等を含まない雑役務のみの業務，単純な労務作業等

⑦単なる土の掘削，コンクリートの打設，建設機械の運転，ゴミ処理等の作業，単に塗料を塗布する作業，単に薬液を注入するだけの作業等

※上記の業務以外でも，その他土木施工管理の実務経験とは認められない業務・作業等は，全て受検できません。

■2級土木施工管理技術検定「第2次検定」受検手続

・第2次検定試験日…**令和5年10月22日（日）**

・第1次検定（後期）・第2次検定（第1次検定と第2次検定を同一日に行う。）
令和5年10月22日（日）

・試　験　地…種別：土木
札幌・釧路・青森・仙台・秋田・東京・新潟・富山・静岡・名古屋・大阪・松江・岡山・広島・高松・高知・福岡・熊本（第1次検定のみ）・鹿児島・那覇（※近郊都市も含む）
種別：鋼構造物塗装・薬液注入
札幌・東京・大阪・福岡（※近郊都市を含む）

・申込受付期間…**令和5年7月5日（水）〜7月19日（水）**

・申込受付方法…簡易書留郵便による個人別申込みとし，締切日の消印まで有効とします。

・合　格　発　表…令和6年2月7日（水）

・申　込　方　法…必ず郵便局の窓口で，「簡易書留郵便」として郵送してください。
（ポストに投函しないでください。）
宅配便等を利用した申込みは受け付けません。

・受検申込用紙等の販売…第2次検定　令和5年6月19日（月）
第1次検定（後期）・第2次検定（同一日に行う。）
令和5年6月19日（月）
全国建設研修センター及び全国の委託機関にて販売します。（金額及び全国の委託機関先については，**全国建設研修センター**に問い合わせてください）

・郵送請求の場合…送料と共に現金書留にて，「**受検級及び種別，必要部数**」を明記のうえ**全国建設研修センター**に請求してください。

・コールセンター並びにインターネットによる場合…
全国建設研修センターのホームページを参照してください。

詳細は全国建設研修センターのホームページ（https://www.jctc.jp/）を参照してください。

土木施工管理技術検定試験に関する申込書類提出及び問い合わせ先
〒187-8540　東京都小平市喜平町2-1-2
一般財団法人　**全国建設研修センター　土木試験課**
TEL 042-300-6860　https://www.jctc.jp/

※令和5年1月15日現在の資料をもとに作成したもので，今後変更されることもあります。
必ず受検年度の「受検の手引」又は「全国建設研修センター　土木試験課」で確認してください。

概要と学習対策

第 2 次検定問題の構成

1 経験記述（必須問題）

実際に自分が経験した土木工事について記述文章形式で解答するもので,「2 級土木施工管理技士」としての能力を，経験，知識，表現力，応用力等から総合的に判断するものであり，本検定試験の最重要問題である。

記述文章形式であるので，決まった答えがあるわけではなく，(採点基準はあると思われるが,）採点官の主観の判断に左右されることが多いと考えられる。したがって，記述文章は独りよがりにならず，字の上手下手は気にせず，誰が見ても分かりやすい，丁寧な読みやすい文章にしなくてはならない。

年度により，設問内容や解答欄の行数が変化する場合があるので，注意が必要である。

経験記述 チェックポイント

経　験：文章全体の流れの中に，経験の有無のニュアンスは表れてくる。

知　識：専門用語，説明文において，専門知識の有無が判断される。

表現力：起承転結の流れになっているか，他人の文章や文献，法規等の丸写しでないかが判断される。

応用力：設問内容が年度ごとに，わずかずつ異なる場合がある。用意してきた記述文章と設問内容の差異に対してのとっさの応用力が試される。

2 学科記述（必須問題・選択問題）

学科記述は，必須問題と選択問題(1)，選択問題(2)に分かれており，計 9 問が出題される。

- 必須問題：問題 1 ～問題 5 を解答する。
- 選択問題(1)：問題 6 ～問題 7 から 1 問題を選択する。
- 選択問題(2)：問題 8 ～問題 9 から 1 問題を選択する。

必須問題は「経験記述」,「土工」,「コンクリート」,「品質管理」,「安全管理」,「施工計画」,「環境保全対策等」から5問,まんべんなく出題される。**選択問題(1) (2)**から1問ずつ選択して計7問について解答する。出題範囲は選択も必須も大きくは変わらないので苦手な分野を作らないように学習する必要がある。

各選択問題の出題形式としては,**《用語・名称等の穴埋め問題》,《留意点,概要・特徴,原因・対策等の簡潔な記述問題》**に大きく分類され,それぞれについてほぼ正答が決まっている。したがって,採点結果が明確になるので,計算ミス,取りこぼし,誤字・脱字等に注意するとともに,キーワードを使用した簡潔な文章記述にすることが大切である。

学科記述 チェックポイント

穴埋め問題

一般的には**「各種法規,指針,示方書等の基本説明からの出題」**が多く,これら文章の暗記・理解が最良である。わからない場合でも前後の文章の流れや下記の語群から選択するものもあるため,解答できることがある。誤字・脱字と空欄には細心の注意を払う必要がある。

記述問題

各管理における**「施工等に関する留意点,工法等の概要や特徴,ある事象に対しての原因や対策,危険防止と安全措置」**等について,簡潔に記述する問題である。一般的には,正答となる解答例が5～6題程度ある。このうち,2～3題程度を記述することが多く,キーワードを必ず含んだ簡潔な文章にすることが重要である。

第2次検定の学習対策

第2次検定の大きな特徴は,**第1次検定の「択一式」**とは異なり,ほとんどが自分で文章を書く**「記述式」**である。近年,パソコンの発展に伴い,筆記による文章作成及び漢字書き取りの能力が低下傾向にあることも事実である。まずは**自分の手で文章を書くことに慣れる**ことから始めなくてはならない。

1 学習スケジュール

第2次検定**は**第1次検定(後期)と同日に,**午前(第1次検定 後期)と午後(第2次検定)に分けて行われる。**第1次検定と異なり,記述が主な出題形式となることから,それなりの準備が必要となる。特に経験記述文の準備に時間がかかるので,「7月から第2次検定対策の始まり」ととらえた学習スケジュールを組むのが最適である。本書を用いた学習スケジュールの一例を次に示す。

時期	試験スケジュール	学　習　内　容
7月	第1次検定対策 （約30日間）	・第1次検定の出題分野である「土木一般」,「専門土木」,「法規」について**図解でよくわかる「2級土木施工管理技術検定 第1次検定 2023年版」**で学習する。
8月	第2次検定対策 （約30日間）	・対象とする**「経験土木工事」**を決定し，**【問題1】**の草案を作成し，上司や有資格者に添削を依頼する。 ・**「問題2〜9」**について解答及び自己評価を行う。 ・**【問題1】**の経験記述文章の自己評価及び添削を行い，最終答案を確定する。
9月	第1次検定対策 （約30日間）	・第1次検定の出題分野である「土木一般」,「専門土木」,「法規」について最終確認を行う。
10月上旬	第2次検定対策	・主に暗記した経験記述文章の最終確認を行う。 ・本番前に本書の過去問で受験当日のシミュレーションを行う。

2 経験記述（【問題1】）の学習対策

設問の基本内容は，今後も変更することはないと思われる。検定前に解答を作成し，自分の文章にしておく必要がある。

①過去9年間の設問内容

出題年度	〔設問1〕：経験土木工事の記述	〔設問2〕（〔設問3〕）：技術的課題の指定管理項目		
		品質管理	工程管理	安全管理
令和4年	○	○	○	
令和3年	○	○		○
令和2年	○		○	○
令和元年	○	○	○	
平成30年	○	○		○
平成29年	○		○	○
平成28年	○	○		○
平成27年	○	○	○	
平成26年	○		○	○

設問2は「現場で工夫した品質管理」又は「現場で工夫した工程管理」のいずれかを選び，具体的に記述しなさいと出題される。

②「経験した土木工事」の決定

・自分にとって最も自信があり，記憶のある現場を1つに絞って選定する。
・設問の「管理項目」によって，**「工事名」を変えるのはミスの原因**となるので避けたほうがよい。（**少なくとも〔設問1〕は完璧に記述できるようにしておく。**）
・全てが問題なく実施された現場にこだわる必要はない。トラブルが発生した現場でも，いかに対策・処置を施したかを記述したほうが説得力がある。

③設問の「管理項目」に対する準備

・過去の設問及び今後の傾向として，**「工程管理」,「品質管理」,「安全管理」**についての**技術的課題**は必ず準備しておかなくてはならない。
・**「施工計画」**において，**「環境影響対策（騒音・振動・交通等）」,「建設副産物（リサイクル・廃棄物等）」**についても近年の傾向から判断して準備の必要性がある。

④記述文章作成の基本

・最低 3 回は作成すること。(1 回目：草案，2 回目：修正案，3 回目：最終案)
・チェックポイント等を参照し，自己評価を行う。
・土木技術者（上司，先輩，同僚等）から専門内容についての添削を受ける。
・技術者以外（家族，友人等）から文章全体のイメージについての意見を聞く。
・試験と同様の鉛筆（シャープペンシル）書きに慣れること。

⑤最終チェック

・記述文が確実に暗記できているか，何度も書き出して確認する。

3 学科記述の学習対策

必須問題 2～5，選択問題(1)【問題 6】，【問題 7】から 1 問選択，選択問題(2)【問題 8】，【問題 9】から 1 問選択。

①過去 9 年間の設問内容　平成 27 年度からの出題形式

出題年度	必須問題				選択問題(1)		選択問題(2)	
	問題 2	問題 3	問題 4	問題 5	問題 6	問題 7	問題 8	問題 9
令和 4 年	施工計画 工程表特徴	施工計画 土木工事	コンクリート	品質管理 盛土	土工	コンクリート	安全管理 安全対策	環境保全 騒音防止
令和 3 年	コンクリート	安全管理	コンクリート	コンクリート	土工	品質管理 コンクリート	安全管理 安全対策	施工計画 工程表特徴
令和 2 年	法面保護	軟弱地盤	コンクリート	コンクリート	品質管理 原位置試験	安全管理 安全対策	品質管理 コンクリート	施工計画 工程表作成
令和元年	土工	法面保護	コンクリート	コンクリート	品質管理 盛土	品質管理 コンクリート	安全管理 安全対策	施工計画 工程表特徴
30年	土工	軟弱地盤	コンクリート	コンクリート	品質管理 盛土	品質管理 コンクリート	安全管理 安全対策	施工計画 工程表作成
29年	法面保護	軟弱地盤	コンクリート	コンクリート	品質管理 コンクリート	安全管理 移動式クレーン	品質管理 盛土	環境保全対策 建設副産物
28年	土工	法面保護	コンクリート	コンクリート	品質管理 原位置試験	安全管理 掘削作業	品質管理 コンクリート	施工計画 工程表作成
27年	土工	軟弱地盤	コンクリート	コンクリート	品質管理 コンクリート	安全管理 足場	品質管理 盛土	環境保全 騒音防止

平成 26 年度以前

出題年度	必須問題				選択問題　(施工管理)			
	問題 2　土　工		問題 3　コンクリート		問題 4		問題 5	
	設問 1	設問 2	設問 1	設問 2	設問 1	設問 2	設問 1	設問 2
26 年	盛土	発生土	打継目の 処理	コンクリート の用語	品質管理 コンクリート	品質管理 土工	安全管理 転落防止	建設副産物 再資源化

②選択科目の準備

・「土工」，「コンクリート」は必ず出題される。施工管理からは「品質管理」，「安全管理」，「施工計画」，「建設副産物」，「環境保全対策等」についてまんべんなく出題されると思われるので，全項目について準備しておく。

③過去問題の練習

・過去問題の全てについて解答を作成し，模範解答と照合し自己評価を行う。
・最終チェックとして，自己評価の結果が 70%以上の得点となるまで続ける。

2 級土木施工管理技術検定　第 2 次検定

1 経験記述

2 級土木施工管理技術検定
第 2 次検定

1 経験記述

出題内容及び傾向と対策

年度	【問題 1】 出題文の内容
令和4年	経験した土木工事のうちから一つの工事を選び，設問に答える。（注意 1） 〔設問 1〕: 経験した土木工事（注意 2） ⑴ **工事名** ⑵ **工事の内容** **①発注者名 ②工事場所 ③工期 ④主な工種 ⑤施工量** ⑶ **工事現場における施工管理上のあなたの立場** 〔設問 2〕: **「現場で工夫した品質管理」又は「現場で工夫した工程管理」**のいずれかを選び，次の事項について**具体的に記述する。** ⑴ 特に留意した**「技術的課題」** ⑵ 技術的課題を解決するために**「検討した項目と検討理由及び検討内容」** ⑶ 上記検討の結果，**「現場で実施した対応処置とその評価」**
令和3年	〔設問 1〕: 令和 4 年度と同様 〔設問 2〕: **「現場で工夫した安全管理」又は「現場で工夫した品質管理」**のいずれかを選び，次の事項（令和 4 年度と同様）について**具体的に記述する。**ただし，安全管理については交通誘導員の配置のみに関する記述は除く。
令和2年	〔設問 1〕: 令和 4 年度と同様 〔設問 2〕: **「現場で工夫した安全管理」又は「現場で工夫した工程管理」**のいずれかを選び，次の事項（令和 4 年度と同様）について**具体的に記述する。**ただし，安全管理については交通誘導員の配置に関する記述は除く。
令和元年	〔設問 1〕: 令和 4 年度と同様 〔設問 2〕: **「現場で工夫した品質管理」又は「現場で工夫した工程管理」**のいずれかを選び，次の事項（令和 4 年度と同様）について**具体的に記述する。**

年度	【問題　1】　出題文の内容
平成30年	〔設問　1〕：令和４年度と同様 〔設問　2〕：**「現場で工夫した品質管理」又は「現場で工夫した安全管理」**のいずれかを選び，次の事項（令和４年度と同様）について**具体的に記述する。**ただし，安全管理については交通誘導員の配置のみに関する記述は除く。
平成29年	〔設問　1〕：令和４年度と同様 〔設問　2〕：**「現場で工夫した工程管理」又は「現場で工夫した安全管理」**のいずれかを選び，次の事項（令和４年度と同様）について**具体的に記述する。**ただし，安全管理については交通誘導員の配置のみに関する記述は除く。
平成28年	〔設問　1〕：令和４年度と同様 〔設問　2〕：**「現場で工夫した品質管理」又は「現場で工夫した安全管理」**のいずれかを選び，次の事項（令和４年度と同様）について**具体的に記述する。**ただし，安全管理については交通誘導員の配置のみに関する記述は除く。
平成27年	〔設問　1〕：令和４年度と同様 〔設問　2〕：**「現場で工夫した品質管理」又は「現場で工夫した工程管理」**のいずれかを選び，次の事項について**具体的に記述する。** ⑴　特に留意した**「技術的な課題」** ⑵　技術的課題を解決するために**「検討した項目と検討理由及び検討内容」** ⑶　技術的課題に対して**「現場で実施した対応処置」**
平成26年	〔設問　1〕：令和４年度と同様 〔設問　2〕：**「現場で工夫した安全管理」又は「現場で工夫した工程管理」**のいずれかを選び，次の事項（平成27年度と同様）について**具体的に記述する。**

注意 1：あなたが経験した工事でないことが判明した場合は失格となります。

注意 2：「経験した土木工事」は，あなたが工事請負者の技術者の場合は，あなたの所属会社が受注した工事について記述してください。したがって，あなたの所属会社が二次下請業者の場合は，発注者名は一時下請業者名となります。
なお，あなたの所属が発注機関の場合の発注者名は，所属機関名となります。

(◎最重要項目　○重要項目　□基本項目　※予備項目)

出題項目	令和4年	令和3年	令和2年	令和元年	平成26年	平成26年	平成26年	平成26年	平成26年	重点
品質管理	○	○		○	○		○	○		◎
工程管理	○		○	○		○		○	○	○
安全管理		○	○		○	○	○		○	○
施工計画等										※

対　策

【問題　1】の出題文の内容

大枠では変更はないが，出題文の内容がわずかに変化していることに注目する。

・過去に(2) 工事の内容の設問で，②**工事場所**が追加された。

・同様に「**注意書き**」が付記され，「**経験した土木工事**」について，より真実性及び具体性を求められるようになった。（虚偽，粉飾，偽装等の作文についてのチェックが厳しくなったものと判断できる。）

〔設問　2〕の指定項目

出題内容の変化が見られるので，対応に注意する必要がある。また，記述量も変化することがあるので（解答用紙の行数増加等），経験した工事の現場状況をできるだけ思い出して草案を作っておくのが良い。経験記述がコピーではなく自身のものであれば，それほど慌てることではない。

・過去の出題から，「「安全管理」と「工程管理」のいずれか」等，2 項目から選択できるようになっているので，受験準備としてある程度の絞り込みは可能である。

・令和 4 年度に出題された「品質管理」，「工程管理」とともに 令和 3 年度の「安全管理」の 3 項目は重要項目であり，受験対策は十分に行っておく必要がある。

・令和 2 年度，平成 26 年度で「安全管理」と出題されたものには，「**交通誘導員の配置に関する記述は除く**」という条件の限定や，令和 3 年度，平成 30 年度，29 年度，28 年度は「**交通誘導員の配置のみに関する記述は除く**」と出題されたことにも着目する。

・(3)検討結果に対しては 平成 28 年度から **「現場で実施した対応処置とその評価」** と新たに評価が加わり，年々自身の**実体験を重視している表れであると思われる。**

今後，重要な項目「環境保全対策」

近年，環境への関心の高まりとともに，第 1 次検定においても「廃棄物」，「リサイクル」等に関する設問が必ず出題されることを念頭において準備する必要がある。

チェックポイント

経験記述の作成要領

1 技術的課題を用意する

問題 1 は下記のように出題される。この問題は自らの経験を記述するものであり，施工管理上（安全管理，品質管理，工程管理，環境保全対策の中から指定）の技術的課題及び対策，対応処置について記述する。

> 【問題 1】　**あなたが経験した土木工事のうちから 1 つの工事を選び，次の［設問 1］，［設問 2］に答えなさい。**
>
> 〔**注意**〕あなたが経験した工事でないことが判明した場合は失格となります。

解　説　**【問題　1】**

POINT
用意する課題

経験記述の対策で最も頭を悩ますのが，技術的課題をどれだけ用意するかである。

理想は，出題が予想される「安全管理，品質管理，工程管理，環境保全対策」の全ての記述文を用意し暗記しておき，当日の試験で何が出題されてもよいようにしておくことである。

この場合の文章量は，1 記述で約 25 行×20 字＝500 字程度，これを 4 記述分用意すると約 500字×4 例＝2,000 字程度となり，原稿用紙 400 字詰で 5 枚にもなる。時間に余裕があれば問題はないが，仕事をこなしながらの受検勉強はなかなか厳しいものがあり，用意する記述文章はできるだけ絞っておくのが一般的な対策である。

過去の出題傾向から「**安全管理，品質管理，工程管理**」の 3 つは確実に用意しておきたい。どうしても 3 項目の記述例文を用意できない場合，2 級土木の経験記述は 2 つの項目から 1 つを選択できるので，出題率の高い項目から「安全管理と品質管理」，「安全管理と工程管理」，「品質管理と工程管理」の組み合わせで 2 例文を用意しておくことも考えられる。ただし，どちらも出題されないリスクがあることを認識する必要はある。

2 設問 1 の記述要領

〔設問 1〕は下記のように出題され，経験した土木工事について⑴**工事名**，⑵**工事の内容**，⑶**施工管理上の立場**を記述する。

> **〔設問 1〕** あなたが**経験した土木工事**に関し，次の事項について解答欄に明確に記入しなさい。
>
> **〔注意〕**「経験した土木工事」は，あなたが工事請負者の技術者の場合は，あなたの所属会社が受注した工事の内容について記述してください。従って，あなたの所属会社が二次下請業者の場合は，発注者名は一次下請業者名となります。
> なお，あなたの所属が発注機関の場合の発注者名は，所属機関名となります。
>
> ⑴ **工　事　名**
> ⑵ **工事の内容**
> ① **発注者名**
> ② **工事場所**
> ③ **工　　期**
> ④ **主な工種**
> ⑤ **施 工 量**
> ⑶ **工事現場における施工管理上のあなたの立場**

解　説　⑴ 工事名

工事名

工事名は 2 級土木施工管理技術検定の実務経験と認められる工事から選ぶ。契約書の工事名が建築工事，造園工事等「土木工事以外の工事にとられてしまう工事名」の場合は土木工事の工種を明記する。また，契約書の工事名で「土木工事かどうか明確でない」，「工事の場所がわからない」場合は，それらを補足して付け加える。

記述例

河川改修工事第 2 工区（○○ 川取り付け暗渠工事）
浦安市 ○－○ 号幹線道路整備工事
○○○ 排水路整備工事
○ビル新築工事（杭基礎工事）
○○ 地区橋梁工事（○号橋梁）

> 工事名は工種が分かりにくい名称が多いので（　　）で補足してよい。
> ワンポイントアドバイス

解　説　(2)　工事の内容

POINT **発注者名**

工事の発注者名を正確に記述する。自分が元請会社の場合は発注者（官公庁），下請会社の場合は元請会社名，二次下請会社の場合は一次下請会社，発注機関に所属している場合は所属機関名を書く。ただし，契約書で書かれている発注者名で，県知事名，市町村長名までは書かなくてもよい。

記述例

○○ 県 ○○ 土木事務所
○○ 県河川課
○○ 市土木課
○○ 県 ○○ 農林振興センター
株式会社 ○○ 建設工業

ワンポイントアドバイス
担当課まで記述した方が，これから記述する工事の内容が分かりやすくてよい。

解　説　(2)　工事の内容

POINT **工事場所**

工事場所は，都道府県，市町村，番地まで，できるだけ詳しく正確に記述する。

道路や河川の工事で工事場所が広い場合でも，［設問 2］で書こうとする技術的課題の場所が特定できる場合は詳しく書いた方がよい。

記述例

○○ 県 ○○ 市 ○○ 町 ○ 丁目 ○ 番地
○○ 県 ○○ 市 ○○ 地先

できるだけ詳しく！

解　説　(2)　工事の内容

工　期

工期は契約書に書いてある工期を記述する。工事は完了しているものを選び，工事内容とバランスのとれた工期であるかチェックしておく。

記述例

令和 ○○ 年 ○○ 月 ○○ 日～令和 ○○ 年 ○○ 月 ○○ 日
20○○ 年 ○○ 月 ○○ 日～ 20○○年 ○○ 月 ○○ 日

解説　(2)　工事の内容

POINT　主な工種

主な工種は，これから記述する工事内容の工種を記述する。このとき注意することは，これから記述する［設問 2］の技術的課題を説明する工種でなければならない。工事全体の代表的な工種ではない。［設問 2］の内容によっては，下記の記述例のように（　）書きで補足する，2 工種記述する等の工夫が必要である。

記述例

舗装工
路盤工
トンネル工（NATM 工法）
コンクリート工，鉄筋組立工

> ワンポイントアドバイス
> ここで記述するものは工事ではなく工種！

解説　(2)　工事の内容

POINT　施工量

施工量においても，これから記述する工事内容の施工量を記述する。このとき注意することは，これから記述する［設問 2］技術的課題の具体的な数量で，［④主な工種］の施工量である。決して「コンクリート一式」，「掘削一式」などと記述してはならない。

記述例

表層，密粒度アスコン 125 m^2
路盤 t ＝200 mm　125 m^2
トンネル延長 3265 m
コンクリート打設 326m^3，鉄筋 26 t

> ワンポイントアドバイス
> 数量は数字を記入する！
> 「○○一式」は不可。

解説　(3)　工事現場における施工管理上のあなたの立場

POINT

工事における施工管理上の立場は，一般的に，「現場監督」「現場代理人」「現場主任」「主任技術者」，発注者では「監督員」等を記述する。ここで「監督」と書く場合，誤字に注意する。

記述例

現場監督
現場代理人
現場主任
主任技術者

> 誤字，脱字に要注意！

3 設問２の記述要領

〔設問 2〕は下記のように出題され, ⑴**技術的課題**, ⑵**検討した項目と理由及び内容**, ⑶**現場での対応処置とその評価**を記述する。出題される技術的課題は毎年変わり, 何が出題されるかは分からない。過去の出題傾向から「**安全管理, 品質管理, 工程管理**」の 3 つは確実に用意しておきたい。

〔設問 2〕　上記工事で実施した**「現場で工夫した安全管理」又は「現場で工夫した品質管理」**のいずれかを選び, 次の事項について解答欄に具体的に記述しなさい。

ただし, 安全管理については, 交通誘導員の配置のみに関する記述は除く。

⑴　特に留意した**技術的課題**

⑵　技術的課題を解決するために**検討した項目と検討理由及び検討内容**

⑶　上記検討の結果, **現場で実施した対応処置とその評価**

解　説　〔設問 2〕の記述要領

POINT

ここで記述する文章量は概ね下記となる。ただし, **記述量も変化（解答用紙の行数増減等）**することがあるので, 経験した工事の現場状況をできるだけ思い出して草案を作っておくのがよい。経験記述がコピーではなく自身のものであれば, それほど慌てることではない。

『各管理項目』で留意した　①**技術的課題**

(約 20 字×7 行＝140 字)

②**検討した項目と理由及び内容**

(約 20 字×11 行＝220 字)

③**現場での対応処置とその評価**

(約 20 字×9 行＝180 字)

合計　約 540 字

ワンポイントアドバイス

行数の増減にも柔軟に対応できるように！

〔設問 2〕の記述内容としては，管理項目毎に概ね下記のように記述することが多い。

安全管理

①技術的課題

労働者の安全確保／工事の安全確保／工事外の安全確保

②検討した項目と理由及び内容

仮設備の点検と安全性／使用機械の安全性／安全管理の実施方法

品質管理

①技術的課題

材料の品質確保／施工の品質確保

②検討した項目と理由及び内容

材料の良否／機械能力の適正化／施工方法による品質

工程管理

①技術的課題

工期の遵守／工期の短縮

②検討した項目と理由及び内容

材料の手配・変更／機械の大型化／施工能力の増強

施工計画等（環境対策）

①技術的課題

公衆災害防止対策

②検討した項目と理由及び内容

騒音振動・仮設備の処置／低公害機械の使用／低公害工法の採用

全項目共通

③現場での対応処置と評価

最後に「～が確保された」など，管理項目の課題を満足したと書く。

過去に出題実績はないが，**出来形管理**にも注意する必要がある。ただし，品質管理と概ね同じ着目点，記述内容になりがちなので経験記述例文を参照のこと。

解　説　　(1) 特に留意した技術的課題

POINT

技術的課題で記述する文章は，概ね下記のようなブロックに分けられる。

(1) 特に留意した技術的課題

①ブロック　工事の概要
工種，工事場所，工事数量を記述する。
→ 2～3行程度が理想的な量

②ブロック　課題の概要
なぜ課題に選んだのか選択理由を記述する。
→ 概ね3行程度にまとめる。下記ブロックを含めて4行でもよい。

③ブロック　課題の具体的な内容
課題の目標や，何を課題にしたかを記述する。
→ 1～2行程度

これを具体的に記述文にしてみると下記となる。
各工事のバリエーションは例文集を参照のこと。

本工事は、〇〇河川改修工事に伴う取り付け暗渠の基礎工事として中掘杭工法によるPHC杭を施工するものである。
→ 工種，施工量に見合った工事概要とする。

中掘杭工法は先端根固めを行うため、支持力の発現がその場で確認できないことから、
→ なぜこのテーマにしたのか？

確実に支持層へ根入れされ、平均杭長 14 m が確保されることの確認を課題とした。
→ 課題の具体的な内容を明確に書く。

管理項目のキーワードを示す

指定された管理項目	キ　ー　ワ　ー　ド　（例）
①工程管理	工程確保／工期確保／工期短縮／進捗管理／進度管理／工程計画／工程修正／工程表／工程修正
②品質管理	品質管理／品質確保／品質マネジメント／品質特性／品質標準／作業標準／管理図／ヒストグラム
③安全管理	安全管理／安全確保／安全施工／安全対策／防止対策／災害防止／危険防止／安全衛生
④施工管理	施工計画／事前調査／仮設計画／建設機械／環境保全／再生資源計画／建設副産物／リサイクル
⑤出来形管理	出来形管理／進捗管理／原価管理

解説 (2) 技術的課題を解決するために検討した項目と検討理由及び検討内容

POINT

概ね下記のようなブロックに分けられる。

(2) 技術的課題を解決するために検討した項目と検討理由及び検討内容

ブロック	内容	分量
①ブロック　前文	どの管理項目を検討したのかを書く。決まり文句	概ね2行程度でまとめる。
②ブロック　本文	課題を検討した過程や内容，施工量等，課題を解決するために行った内容を明確で簡潔に記す。	前文，結論の量を考慮すると，5行程度でまとめられる量にする必要がある。
③ブロック　結論	課題の解決，処理方法を書く。	4行程度,②ブロックと続けてもよい。

これを具体的に記述文にしてみると下記となる。
各工事のバリエーションは例文集を参照のこと。

記述例	解説
中掘り杭工法による杭長の確保と先端支持層の確認を行うため、以下の検討を行った。	テーマに見合った前書きとなっているか?
既存ボーリングデータが1本しかなく、周辺の地形形状から河川付近での地層の変化が予想され、取り付け暗渠（延長18.5 m）全ての基礎杭で同一の支持層深さとなっているかが確定できなかった。また、先端根固めを行うことから、支持層深さを明確にして、全ての基礎杭において杭沈設長を確保する必要がある。	なぜテーマにしたのか? 課題の具体的内容を記述
よって、ボーリング調査を1本追加実施し、支持層深さを確定し、平均杭長14 mを確保した。	課題の解決方法

解　説　(3)　上記検討の結果，現場で実施した対応処置とその評価

POINT

概ね下記のようなブロックに分けられる。

(3)　上記検討の結果，現場で実施した対応処置とその評価

①ブロック　前文	決まり文句。
②ブロック　本文 課題を解決するために検討した内容について，現場で実施した内容を書く。詳細数量も忘れずに。	4 行程度でまとめる。 結論を続けて 6 行としてもよい。
③ブロック　結論	結論の決まり文句。 結果の評価は 2 行程度。

これを具体的に記述文にしてみると下記となる。
各工事のバリエーションは例文集を参照のこと。

検討の結果、次の対応処置を実施した。	前書き
新しいボーリング調査を、既存調査位置から構造物の最遠ポイントで実施し、杭配置縦断図に地層変化、支持層深さを追記した。ま	課題解決をいかに現場で実施したか。
た、スパイラルオーガが所定の深さに達した段階で掘削土砂の確認とオーガ電流値の変化から支持層深さと杭長 14 m を確保することがきた。	対応処置と結果の成果，必ずテーマを解決したと記述する。
以上より、中掘杭工法で確実に支持された基礎の暗渠工事を行うことができた。	課題全体の評価を簡潔に記述する。

現場で実施した対応処置（対策や処置）の具体的項目を示す。

指定管理項目	施工方法	使用機械	使用材料・設備
①工程管理	・他工法の採用，改良 ・労働時間の強化 ・作業人員の強化 ・工程計画の変更	・機械の組合せ変更 ・使用台数の強化 ・使用機種の変更 ・機械の大型化	・使用材料の変更 ・2次製品の利用 ・資材利用計画の変更 ・使用設備計画の変更
②品質管理	・品質特性の管理 ・品質目標の適正化	・使用機種の変更 ・機械能力の適正化 ・材料と機械の適合 ・施工法と機械の適合	・材料検査体制の強化 ・材料手配の適正化 ・使用設備の適正化
③安全管理	・安全教育の徹底 ・安全管理体制の強化 ・安全施設の適正化 ・誘導員の配置	・安全点検の強化 ・転倒防止の措置 ・接触防止の措置	・材料の安全性点検 ・足場工の設置，点検 ・土留め工の設置点検
④施工管理	・低公害工法への変更 ・建設副産物有効利用計画及び搬出計画 ・近隣への影響防止計画	・低公害機種への変更 ・使用時間の変更・制限 ・規則・法令の遵守	・公害低減設備の設置 ・リサイクル材料の利用 ・仮設備の設置・点検
⑤出来形管理	・出来高の管理	・使用機種の変更 ・機械能力の適正化 ・材料と機械の適合 ・施工法と機械の適合	・材料検査体制の強化 ・材料手配の適正化 ・使用設備の適正化

4 学習方針，試験当日までの対策

経験記述など論文形式の問題の解答を書くにあたって，最低限守らなければならない注意事項がある。普段はあまり気にしないことや，論文形式の試験ならではの事項ばかりであるから，記述文の受検勉強を始める前，記述文が出来上がったときにチェックしておいたほうがよい。

解答用紙に書く前の準備

・答案は採点官に読まれる（**読んでもらう**）ことを忘れない。

・字は下手でもよいが，**丁寧に書く**ように心がける。

・はっきりと書くために，鉛筆，シャープペンシルはHBの濃さ，芯は0.5 mm以上を用意する。

・記述文の構成は「**序論→本論→結論**」で論点を明確に簡潔に書く。

解答用紙に書くにあたって

・書き出しと段落の最初は1マスあける。
・句読点，数量の単位はしっかりと書く。
・空白行を作らないようにする。
・話し言葉で書かない「× だから→○したがって」，「× でも→○しかし」とする。
・文体は「～です，～ます」調ではなく「～である」調で統一する。

試験前日までの対策

・用意する記述文は，上司，本試験の経験者等に添削してもらう。
・誤字脱字がないように，何度も紙に書いて暗記する。

経験記述例文は，過去における複数の受検者の予備答案について「工事種別」，技術的な課題における「管理計画別」及び「工事工種別」に整理をし，著者により内容について一部修正を行い，文章例文 50 集を掲載したものである。参考にする際には下記の点に注意をすること。　**（担当著者）**

① 例文はあくまでも記述の方法について参考として示すものであり，合格を保証するものではない。

② 経験記述文章は，自分の経験を整理して記述するものであり，オリジナルでなければならない。例文を丸写し，あるいは一部修正を行って作成することは絶対に避けなければならない。経験した工事でないことが判明した場合には，失格となるので注意すること。

経験記述文

No.	技術的な（設問）課題		工事種別	技術的課題のキーワード
	工事工種	管理項目		
No. 1	コンクリート工	工程管理	河川工事	コンクリートポンプ車の台数と打設計画
No. 2	コンクリート工	品質管理	道路工事	暑中コンクリートの品質管理
No. 3	コンクリート工	品質管理	下水道工事	寒中コンクリートの品質管理
No. 4	コンクリート工	品質管理	河川工事	寒中コンクリートの品質管理
No. 5	コンクリート工	安全管理	橋梁工事	コンクリート打設時の型枠の安全管理
No. 6	コンクリート工	施工計画	道路工事	コンクリート打設時の環境保全対策
No. 7	コンクリート工	施工計画	補修・補強工事	ひび割れの補修工法の選定
No. 8	コンクリート工	品質管理	補修・補強工事	コンクリートのひび割れに対する品質管理
No. 9	コンクリート工	施工計画	道路工事	海岸沿い構造物の鉄筋かぶりの確保
No. 10	コンクリート工	出来形管理	道路工事	海岸沿い構造物の鉄筋かぶりの確保
No. 11	土工	品質管理	河川工事	築堤土の品質管理
No. 12	土工	出来形管理	河川工事	盛土の沈下管理
No. 13	土工	工程管理	河川工事	盛土の沈下の工程管理
No. 14	土工	品質管理	農業土木工事	盛土の品質管理
No. 15	土工	出来形管理	農業土木工事	出来形管理の効率化
No. 16	基礎工（杭基礎）	品質管理	橋梁工事	中掘杭の根固めセメントミルクの品質確保
No. 17	基礎工（杭基礎）	安全管理	河川工事	杭打設時の安全管理
No. 18	基礎工（杭基礎）	工程管理	河川工事	施工環境の改善による工程確保
No. 19	基礎工（杭基礎）	施工計画	下水道工事	中間層に礫層が介在している場合の杭長確保
No. 20	基礎工（杭基礎）	出来形管理	河川工事	中掘杭の掘削長の確保，支持層の確認
No. 21	基礎工（地盤改良工）	工程管理	下水道工事	薬液注入による止水の工期短縮
No. 22	基礎工（地盤改良工）	品質管理	河川工事	地盤改良強度の品質管理方法
No. 23	基礎工（地盤改良工）	品質管理	河川工事	地盤改良のセメント添加量
No. 24	基礎工（地盤改良工）	品質管理	道路工事	軟弱地盤路床改良の品質管理
No. 25	基礎工（地盤改良工）	施工計画	農業土木工事	施工機械のトラフィカビリティー確保

章 例 文 50 集

No.	技術的な（設問）課題		工事種別	技術的課題のキーワード
	工事工種	管理項目		
No. 26	河川護岸工	品質管理	河川工事	間詰めコンクリートのひび割れ防止
No. 27	河川護岸工	安全管理	河川工事	仮締め切り法面の安定処理
No. 28	河川樋管工	施工計画	河川工事	周辺環境への騒音防止対策
No. 29	河川護岸工	施工計画	河川工事	コンクリートのひび割れ防止
No. 30	河川護岸工	施工計画	河川工事	大型土のう仮締め切りの設置方法
No. 31	河川護岸工	工程管理	河川工事	法面湧水処理と工期短縮
No. 32	舗装工	施工計画	道路工事	舗装改良工事の工期短縮
No. 33	舗装工	品質管理	道路工事	アスファルト合材の品質管理
No. 34	舗装工	品質管理	道路工事	暑中における路盤工の密度管理
No. 35	舗装工	施工計画	道路工事	路床施工時の湧水対策
No. 36	管路工(管布設)	施工計画	下水道工事	狭小部での施工計画
No. 37	管路工(推進工)	品質管理	農業土木工事	管路推進工工事の精度管理
No. 38	管路工(推進工)	施工計画	農業土木工事	立坑工事における埋設管保護の施工計画
No. 39	管路工(管布設)	品質管理	上水道工事	管接手部の漏水対策
No. 40	管路工(管布設)	施工計画	下水道工事	水路下の横断管の施工
No. 41	耐震補強工	安全管理	補修・補強工事	改良機械の安全対策
No. 42	耐震補強工	施工計画	補修・補強工事	堤防の耐震補強対策工法の選定
No. 43	耐震補強工	出来形管理	補修・補強工事	改良深度の出来形管理
No. 44	仮設工(土留め)	安全管理	河川工事	ボイリング防止対策工法
No. 45	仮設工(土留め)	安全管理	河川工事	支保工撤去時の安全管理
No. 46	仮設工(土留め)	安全管理	下水道工事	土留め工の点検と安全管理
No. 47	仮設工(土留め)	工程管理	下水道工事	仮設土留め工の工期短縮
No. 48	仮設工(土留め)	安全管理	河川工事	土留め支保工撤去時の安全管理
No. 49	仮設工(土留め)	施工計画	河川工事	土留め支保工の撤去方法
No. 50	仮設工(土留め)	出来形管理	橋梁工事	低公害工法と補助工法による土留め矢板の施工

経験記述文章例文 **No.1** 【河川工事】

設問課題（両課題に対応）	管理・計画的課題	工程管理
	工事・工種的課題	コンクリート工
キーワード	コンクリートポンプ車の台数と打設計画	

[設問 1]

(1) 工事名

工 事 名	○○号用水機場工事

(2) 工事の内容

①	発注者名	三重県四日市市
②	工事場所	三重県四日市市○○町地内
③	工　　期	令和○○年12月19日～令和○○年3月15日
④	主な工種	第２配水機場基礎コンクリート工
⑤	施 工 量	コンクリート打設量 210 m^3

(3) 工事現場における施工管理上のあなたの立場

立　　場	現場主任

[設問 2]

(1)特に留意した技術的課題

この工事は、第2号配水機場基礎工事で、コンクリート打設工事を技術的課題とする。 ｝課題となる工事の概要

配水機場底版、1回のコンクリート打設量が210 m^3であることから、コンクリートポンプ車の１日当たり打設量とほぼ同じである。 ｝課題とした理由

よって、コンクリートポンプ車台数と打設計画を工程管理の課題とした。 ｝課題のテーマ

⑵技術的課題を解決するために検討した項目と検討理由及び検討内容

コンクリートポンプ車の台数とコンクリートの打設計画を次のように検討した。

前書き

コンクリートポンプ車の1台1時間当たりの標準吐き出し量は、35 m^3 である。このことから、1日当たり、作業時間7時間×35 m^3 ＝245 m^3 の打設が見込まれた。

ポンプ車1台でも可能な量ではあったが、打設時のタイムロス等、厳しい工程によるミスの防止等を考慮し、コンクリートポンプ車

課題の具体的な内容
（課題の詳細事項）

を2台配置して余裕のあるコンクリート打設工程を計画し実施した。

課題の解決方法

⑶上記検討の結果，現場で実施した対応処置とその評価

検討の結果、コンクリートポンプ車の打設は次の対応処置を行った。

前書き

現場にはコンクリートポンプ車を2台配置し 210 m^3 のコンクリートを打設した。

課題解決をいかに現場で実施したか

コンクリートの打設時間は当初ポンプ車1台での予定より3時間短縮することができた。

現場で実施した結果、ポンプ車の打設時間短縮により、全体的に余裕をもった工期で工事を進めることができ、工程を確保することができた。

対応処置と結果
成果の評価

経験記述文章例文 No.2 【道路工事】

設問課題（両課題に対応）	管理・計画的課題	品質管理
	工事・工種的課題	コンクリート工
キーワード	暑中コンクリートの品質管理	

［設問 1］

(1) 工事名

工事名	市原市2−2号幹線道路整備工事

(2) 工事の内容

①	発注者名	千葉県市原市
②	工事場所	千葉県市原市○○町○丁目○○番
③	工期	令和○○年6月8日〜令和○○年2月18日
④	主な工種	コンクリート擁壁工
⑤	施工量	L型擁壁、H＝1.6 m、L＝33 m 鉄筋コンクリート61.3 m^3

(3) 工事現場における施工管理上のあなたの立場

立場	現場主任

［設問 2］

(1)特に留意した技術的課題

本工事は2−2号幹線道路整備工事で土留め工として設置される、高さ1.6 m、延長33 mの現場打ちコンクリート擁壁である。（課題となる工事の概要）

本道路工事は6月から開始され、擁壁工事のコンクリート打設時期が、夏期にあたり、（課題とした理由）

暑中コンクリート対策が講じるため、コンクリートの品質確保を課題とした。（課題のテーマ）

⑵技術的課題を解決するために検討した項目と検討理由及び検討内容

猛暑の昼間に打設するコンクリート工事で、品質低下を防止するために次の検討を行った。

前書き

①コンクリートの混和剤として、AE減水剤を検討し単位水量を減じて、ワーカビリティーを高めるコンクリートを打設することとした。

②コンクリートの締め固めを確実に行うために、型枠に目印をつけ、バイブレーターを直角に差込み、横送りを禁止した。

③コンクリート表面の急激な乾燥を防止するためのマット養生と散水方法を検討し、コンクリートの品質向上に努めた。

課題の具体的な内容
（課題の詳細事項）
課題の解決方法

⑶上記検討の結果，現場で実施した対応処置とその評価

現場において、暑中のコンクリートの品質を確保するために以下の対応処置を行った。

前書き

気温が30度を超えた時点で遅延型のAE減水剤に加え、流動化剤を使用した。

また、打設後7日間は養生マットに散水を行うことにより、湿潤状態を保ち、猛暑時のコンクリートの品質を確保した。

課題解決をいかに現場で実施したか

以上の対応により、暑中コンクリートの品質を確保し、擁壁工事を終えることができた。

対応処置と結果
成果の評価

経験記述文章例文 **No.3** 【下水道工事】

設問課題 （両課題に対応）	管理・計画的課題	品質管理
	工事・工種的課題	コンクリートエ
キーワード	寒中コンクリートの品質管理	

[設問 1]

(1) 工事名

工 事 名	雨水幹線〇〇号水路工事

(2) 工事の内容

①	発注者名	〇〇〇〇下水道事務所
②	工事場所	群馬県高崎市〇〇町〇丁目
③	工　期	令和〇〇年10月14日～令和〇〇年3月29日
④	主な工種	土留めコンクリート工
⑤	施 工 量	もたれ式土留め擁壁H=4.1 m 施工延長 36 m

(3) 工事現場における施工管理上のあなたの立場

立　場	工事主任

[設問 2]

(1)特に留意した技術的課題

本工事は雨水〇号幹線水路工事で、管水路の敷設に伴う、現場打ちもたれ式土留め擁壁H 4.1 mのコンクリート工事である。（課題となる工事の概要）

もたれ式擁壁のコンクリート打設工事は、冬季に行われ、寒中コンクリートとしての施工に注意する必要があり、（課題とした理由）寒中においてのコンクリート材料の品質管理を課題とした。（課題のテーマ）

⑵技術的課題を解決するために検討した項目と検討理由及び検討内容

寒中コンクリートで、コンクリート材料の品質を確保するために次の対策を行った。

前書き

①材料は、セメントは普通ポルトランドセメントを使用し、凍結した骨材、雪の入った骨材を使用しないようにした。

②配合は、促進型のAE減水剤を用い、AEコンクリートとし、水セメント比は、激しく変化しない気温状況と露出状態から65%とした。

③コンクリートの打込時温度を5～20℃とし、寒中コンクリート材料の品質を確保した。

課題の具体的な内容
（課題の詳細事項）
課題の解決方法

⑶上記検討の結果，現場で実施した対応処置とその評価

寒中コンクリートとして施工するコンクリート材料の品質を確保するために、次のことを行った。

前書き

コンクリートは、先に検討した所定の材料、配合とし、上屋で骨材を保存し雪の混入を防止した。打込時の温度を15℃程度にして、作業性、及びコンクリートの品質を確保した。

課題解決をいかに現場で実施したか

評価は、天候が悪化していた時期に、屋外で骨材の保存を的確に行えたことがあげられる。

対応処置と結果
成果の評価

経験記述文章例文 **No.4** 【河川工事】

設問課題（両課題に対応）	管理・計画的課題	品質管理
	工事・工種的課題	コンクリート工
キーワード	寒中コンクリートの品質管理	

[設問 1]

⑴ 工事名

工 事 名	○○ 川改修工事

⑵ 工事の内容

①	発注者名	新潟県 ○○ 事務所
②	工事場所	新潟県三条市 ○○
③	工 期	令和○○年10月26日～令和○○年3月15日
④	主な工種	張ブロック護岸工
⑤	施 工 量	張ブロック護岸 420 m² 基礎コンクリート延長 82.6 m

⑶ 工事現場における施工管理上のあなたの立場

立 場	現場代理人

[設問 2]

⑴特に留意した技術的課題

本工事は、二級河川 ○○ 川の治水対策事業として施工される河川護岸工事である。（課題となる工事の概要）

張りブロック護岸の基礎コンクリート打設工事は、12月中旬より始まり、毎年平均気温が4℃以下になることから、寒中コンクリートとして、（課題とした理由）コンクリートの強度を確保する養生を品質管理の課題とした。（課題のテーマ）

⑵技術的課題を解決するために検討した項目と検討理由及び検討内容

基礎コンクリートを寒中でコンクリートの養生を行うために次の対策を行った。 ｝前書き

・加熱養生を目的とした仮設備を検討した。
・初期凍結を防止するために、5 N/mm²の圧縮強度に達するまで、コンクリート温度を5℃以上とし、以後2日間は0℃以上を保つよう温度管理を行った。
・型枠には、熱伝導率の小さい木製型枠を使用することで、凍結を防止した。 ｝課題の具体的な内容（課題の詳細事項）

以上により寒中施工のコンクリート品質の低下防止に努めた。 ｝課題の解決方法

⑶上記検討の結果，現場で実施した対応処置とその評価

検討の結果、次の処置を行った。 前書き

コンクリート打設工事箇所を足場材とシートで囲い、ヒータによる加熱養生を行った。
施工期間中は随時温度測定を行い、初期凍結を防止するための初期養生温度を5℃、それ以後を2℃に保つよう温度管理を実施し、コンクリート品質を確保した。 ｝課題解決をいかに現場で実施したか

工事の結果、寒中コンクリートの品質を確保し、設計書どおりに施工することができた。 ｝対応処置と結果成果の評価

経験記述文章例文 No.5 【橋梁工事】

設問課題（両課題に対応）	管理・計画的課題	安全管理
	工事・工種的課題	コンクリート工
キーワード	コンクリート打設時の型枠の安全管理	

[設問 1]

⑴ 工事名

工事名	幹線○号橋梁工事

⑵ 工事の内容

①	発注者名	千葉県○○農林事務所
②	工事場所	千葉県○○市○○町○丁目○○
③	工期	令和○○年11月15日～令和○○年3月26日
④	主な工種	橋梁下部工（逆T式橋台）
⑤	施工量	鉄筋コンクリート149 m^3 型枠235 m^2

⑶ 工事現場における施工管理上のあなたの立場

立場	現場監督

[設問 2]

⑴特に留意した技術的課題

この工事は千葉県成田市○○川に計画された幹線農道の橋梁下部工工事である。（課題となる工事の概要）

○○橋の橋梁下部工施工にあたり、堅壁部の躯体厚が基礎部で1.35 m、変化部位置で0.95 mと比較的躯体厚が厚いことから、コ（課題とした理由）

ンクリート打設中の型枠変形防止を安全管理の課題とした。（課題のテーマ）

⑵技術的課題を解決するために検討した項目と検討理由及び検討内容

コンクリート打設中の型枠の変形を防止するために、次のことを行った。

前書き

①コンクリート打設前に、折れ曲がり、通り、高さ等、精度上の点検を行った。

②取り付け金具のゆるみがないこと、ハンチ部の浮き上がり防止が確実であること等、施工上の確認を行った。

③型枠内の清掃状況を確認し、コンクリート打設中は型枠の見張り役を決めて配置することによって、コンクリート打設中の型枠変形を防止し、安全管理を行った。

課題の具体的な内容
（課題の詳細事項）

課題の解決方法

⑶上記検討の結果，現場で実施した対応処置とその評価

コンクリート打設中の型枠変形等を防止するために、次の対応処置を行った。

前書き

設置した型枠は、下げ振り、トランシットを用いて精度上の点検を行った。

コンクリート打設中の見張りは、型枠を組み立てた大工を配置して、応急処置に備えることで安全に施工を行った。

課題解決をいかに現場で実施したか

上記対応処置により、コンクリート打設中の作業員の安全を確保することができた。

対応処置と結果
成果の評価

経験記述文章例文 No.6 【道路工事】

設問課題 （両課題に対応）	管理・計画的課題	施工計画
	工事・工種的課題	コンクリート工
キーワード	コンクリート打設時の環境保全対策	

[設問 1]

⑴ 工事名

工 事 名	道路改良工事

⑵ 工事の内容

①	発注者名	高知県 ○○ 土木事務所
②	工事場所	高知県南国市 ○○ 町地先
③	工 期	令和○○年1月23日～令和○○年11月13日
④	主な工種	コンクリート重力式擁壁工
⑤	施 工 量	施工延長 72 m

⑶ 工事現場における施工管理上のあなたの立場

立 場	現場監督

[設問 2]

⑴特に留意した技術的課題

本工事は、切土法面保護工の重力式擁壁工H＝3.2 m、L＝72 m の工事である。（課題となる工事の概要）

重力式擁壁を施工する切土区間は、擁壁を設置する対岸が住宅地になっており、民家が近接している場所もある。このことから、騒音、振動を軽減させる必要があり、（課題とした理由）周辺環境の保全を行うために作業中の騒音軽減を課題とした。（課題のテーマ）

(2)技術的課題を解決するために検討した項目と検討理由及び検討内容

周辺住宅に対して騒音軽減を行うために、次のことを行った。	前書き
①コンクリートミキサ車の待機場所は、必ず現場内で待機させる。また、コンクリート排出終了時のふかし運転はしないようにする。 ②コンクリートポンプ車の設置場所は、宅地側と反対の位置とし、コンクリート圧送パイプ内の抵抗が少なくなるように十分整備したものとし、パイプの長さも極力短くした。また、バイブレータは電動式を用いることにより、騒音による環境保全を確保した。	課題の具体的な内容 （課題の詳細事項） 課題の解決方法

(3)上記検討の結果，現場で実施した対応処置とその評価

検討の結果、次の対応処置を行った。	前書き
コンクリートポンプ車を道路側へ配置し、宅地側への騒音を軽減させた。 コンクリートミキサ車の待機場所も道路側として、宅地側の騒音を軽減させた。 圧送パイプの整備を行い、エンジンへの負担を少なくし、騒音軽減させて工事を行った。	課題解決をいかに現場で実施したか
評価としては、周辺住民からの苦情もなく工事を終えることができたことである。	対応処置と結果 成果の評価

経験記述文章例文 No.7 【補修・補強工事】

設問課題（両課題に対応）	管理・計画的課題	施工計画
	工事・工種的課題	コンクリート工
キーワード	ひび割れ補修工法の選定	

［設問 1］

⑴ 工事名

工 事 名	○○号用水路補修工事

⑵ 工事の内容

①	発注者名	○○農政局○○農業水利事業所
②	工事場所	千葉県○○市○○町○丁目○番
③	工　期	令和○○年12月10日～令和○○年3月20日
④	主な工種	コンクリート補修工
⑤	施 工 量	ひび割れ補修 68 m

⑶ 工事現場における施工管理上のあなたの立場

立　場	現場監督

［設問 2］

⑴特に留意した技術的課題

本工事は、26年経過し老朽化した○○幹線水路の補修工事を行うものである。（課題となる工事の概要）

現場打ちコンクリートで建設された水路のひび割れを補修し、ポリマーセメントで被覆するにあたり、ポリマーセメントの仕上がりに影響を与える、現場打ちコンクリートのひび割れ補修工法の選定を課題とした。（課題とした理由と課題のテーマ）

⑵技術的課題を解決するために検討した項目と検討理由及び検討内容

現場打ち水路の目地は、9mピッチに設置されている。したがって、本工事によりひび割れを補修した後もコンクリートの収縮の影響を受け、表面被覆のポリマーセメントにひび割れが生じると想定された。

課題の具体的な内容
（課題の詳細事項）

伸縮するコンクリートのひび割れ補修工法として、ひび割れ部にUカット処理を行い、表面被覆工を終了した後に弾性シーリング材を充填して止水性を確保する工法により、施工後にひび割れが伸縮しても弾性シーリング材が追随するようにした。

課題の解決方法

⑶上記検討の結果，現場で実施した対応処置とその評価

現場では下記のとおり実施した。

前書き

コンクリート補修面を高圧洗浄機で水洗いし、汚れや脆弱部等を除去した。

洗浄後、ひび割れ部に対しUカット処理を施し、プライマーを塗布して弾性シーリング材を充填することにより、ひび割れの伸縮対策を実施し、表面被覆を行った。

以上の対応処置の結果、ポリマーセメントの仕上がりもよく、確実な施工ができた。

対応処置と結果
成果の評価

経験記述文章例文 **No.8** 【補修・補強工事】

設問課題 （両課題に対応） キーワード	管理・計画的課題	品質管理
	工事・工種的課題	コンクリート工
	コンクリートのひび割れに対する品質管理	

［設問 1］

⑴ 工事名

工事名	幹線水路〇〇号その1補修工事

⑵ 工事の内容

①	発注者名	栃木県〇〇土木事務所
②	工事場所	栃木県宇都宮市〇〇町〇丁目〇番
③	工期	令和〇〇年10月8日～令和〇〇年3月10日
④	主な工種	コンクリート補修工事
⑤	施工量	ひび割れ補修250 m^2 水路延長50 m、壁高2.5 m両岸施工

⑶ 工事現場における施工管理上のあなたの立場

立場	現場監督

［設問 2］

⑴特に留意した技術的課題

本工事は、〇〇号幹線水路の補修工事で、老朽化した水路の補修を行うものである。
（課題となる工事の概要）

工事は、ひび割れが発生した現場打ちコンクリート壁面を補修し、ポリマーセメントで被覆する。このとき、先に行うひび割れ補修がポリマーメントの仕上がりに影響することから、ひび割れ補修工法を品質管理の課題とした。
（課題とした理由と課題のテーマ）

⑵技術的課題を解決するために検討した項目と検討理由及び検討内容

本幹線水路の工事区間は日当たりもよく、水量の変化も大きいことから、ひび割れ補修後もコンクリートの収縮の影響を受け、表面被覆のポリマーセメントにひび割れを生じさせることが想定された。

課題の具体的な内容
（課題の詳細事項）

伸縮するコンクリートのひび割れ補修工法として、ひび割れ部にUカット処理を行い、表面被覆工を終了した後に弾性シーリング材を充填して止水性を確保する工法により、施工後にひび割れが伸縮しても弾性シーリング材が追随するようにした。

課題の解決方法

⑶上記検討の結果，現場で実施した対応処置とその評価

現場では下記のとおり実施した。

前書き

コンクリート補修面を高圧洗浄機で洗浄して、汚れや脆弱部等の除去を行った。

壁面のひび割れの位置、幅、深さ等を十分にチェックした。ひび割れ部にはUカット処理後、プライマーを塗布して弾性シーリング材を充填し、施工漏れがないことを再確認した。

以上ひび割れ補修の品質を確保することで、ポリマーセメントの施工を確実に行えた。

対応処置と結果
成果の評価

経験記述文章例文 No.9 【道路工事】

設問課題	管理・計画的課題	施工計画
(両課題に対応)	工事・工種的課題	コンクリート工
キーワード	海岸沿い構造物の鉄筋かぶりの確保	

[設問 1]

(1) 工事名

工 事 名	6−2号道路改良工事

(2) 工事の内容

①	発注者名	福井県土木部
②	工事場所	福井県敦賀市〇〇町地先
③	工　　期	令和〇〇年10月9日〜令和〇〇年3月18日
④	主な工種	鉄筋コンクリート擁壁工
⑤	施 工 量	擁壁工 H=4.3 m 施工延長 50.6 m

(3) 工事現場における施工管理上のあなたの立場

立　　場	現場監督

[設問 2]

(1)特に留意した技術的課題

本工事は、県道〇〇号線改良工事の道路拡幅に伴う高さ4.3 mの現場打ち擁壁である。（課題となる工事の概要）

現場は海岸に近く、コンクリートへの塩害の影響等、耐久性への影響が考えられ、現場打ちコンクリートの耐久性を確保、維持する（課題とした理由）

という観点から、鉄筋の最小かぶりを確保し、塩害を予防する施工計画が課題となった。（課題のテーマ）

⑵技術的課題を解決するために検討した項目と検討理由及び検討内容

　鉄筋の腐食を防止するために、鉄筋かぶりを確保する施工計画を検討した。　（前書き）

　主鉄筋径が29 mm、配力筋径が16 mmと太径であり、海岸に近いことからスペーサの種類をプラスチックコーンとすることにした。
　また、鉄筋の結束線が腐食しないように結束線の種類を腐食に強い材質の採用を提案した。　（課題の具体的な内容（課題の詳細事項））

　プラスチックコーンは大きめのものを採用することにより、セパレータの先端の鋼材部分がかぶり部分をおかさないようになり、鉄筋の最小かぶりを確保し、塩害を予防する対策とした。　（課題の解決方法）

⑶上記検討の結果，現場で実施した対応処置とその評価

　検討の結果、海岸沿いの構造物に最小かぶりを確保させるために、次の対応処置を実施した。　（前書き）

　コンクリート製高強度スペーサを1 m² あたり2個以上配置し、鉄筋の結束線は被覆結束線を使用した。また、腐食に強い塩害対策用の大きめのプラスチックコーンを使用することで、鉄筋かぶりを確保し、塩害を予防することができた。　（課題解決をいかに現場で実施したか）

　評価できる点は、塩害対策について調査を行い適切な材料、製品を選定できたことである。　（対応処置と結果成果の評価）

※本例文は記述例文No.10と同じ工事で，出来形管理を施工計画に書き換えたものである。
　試験で予想と違う課題が出題された場合の参考例である。

経験記述文章例文 No.10 【道路工事】

設問課題 （両課題に対応）	管理・計画的課題	出来形管理
	工事・工種的課題	コンクリート工
キーワード	海岸沿い構造物の鉄筋かぶりの確保	

［設問 1］

(1) 工事名

工事名	6−2号道路改良工事

(2) 工事の内容

①	発注者名	福井県土木部
②	工事場所	福井県敦賀市〇〇町地先
③	工期	令和〇〇年10月9日〜令和〇〇年3月18日
④	主な工種	鉄筋コンクリート擁壁工
⑤	施工量	擁壁工 H=4.3 m 施工延長 50.6 m

(3) 工事現場における施工管理上のあなたの立場

立場	現場監督

［設問 2］

(1)特に留意した技術的課題

本工事は、県道〇〇号線改良工事の道路拡幅に伴う高さ4.3 mの現場打ち擁壁である。（課題となる工事の概要）

現場は海岸に近く、コンクリートへの塩害等、耐久性への影響が考えられ、現場打ちコンクリートの耐久性を確保、維持するという観点（課題とした理由）

から、鉄筋の最小かぶりを確保するための出来形管理が課題となった。（課題のテーマ）

⑵技術的課題を解決するために検討した項目と検討理由及び検討内容

鉄筋の腐食を防止し、鉄筋かぶりを確保するために次のことを行った。（前書き）

主鉄筋径が29 mm、配力筋径が16 mmと太径であり、海岸に近いことからコンクリート製スペーサを検討した。

鉄筋の結束線が腐食しないように防食結束線の採用を検討した。（課題の具体的な内容（課題の詳細事項））

セパレータの先端の鋼材部分がかぶり部分をおかさないよう大きめのプラスチックコーンを用い、鉄筋の最小かぶりを確保するための検討を行った。（課題の解決方法）

⑶上記検討の結果，現場で実施した対応処置とその評価

検討の結果、海岸沿いの構造物に最小かぶりを確保させるために、次の対応処置をとった。（前書き）

コンクリート製高強度スペーサを1 m^2 あたり2個以上配置し、鉄筋の結束線は被覆結束線を使用した。また、塩害対策用の大きめのプラスチックコーンを使用することで、設計の鉄筋かぶりを確保することができた。（課題解決をいかに現場で実施したか）

評価できる点は、塩害対策も考慮してコーンを選定したことがあげられる。（対応処置と結果成果の評価）

※本例文は記述例文No.9と同じ工事で，施工計画を出来形管理に書き換えたものである。試験で予想と違う課題が出題された場合の参考例である。

経験記述文章例文 No.11 【河川工事】

設問課題（両課題に対応）	管理・計画的課題	品質管理
	工事・工種的課題	土　工
キーワード	築堤土の品質管理	

［設問 1］

⑴ 工事名

工 事 名	○○排水樋管工事

⑵ 工事の内容

①	発注者名	神奈川県小田原市
②	工事場所	神奈川県小田原市 ○○ 地先
③	工　　期	令和○○年10月10日〜令和○○年5月23日
④	主な工種	堤防築堤工
⑤	施 工 量	盛土量 3624 m³

⑶ 工事現場における施工管理上のあなたの立場

立　　場	現場監督

［設問 2］

⑴特に留意した技術的課題

本工事は、○○ 排水樋管改築工事に伴う、二級河川 ○○○ 川の堤防築堤工事である。（課題となる工事の概要）

堤防高 4.4 m、法面勾配 2 割の築堤に使用する築堤土は、近傍地区のため池から発生した浚渫土の脱水ケーキであり、築堤材料として好ましいものとはいえないことから、（課題とした理由）

築堤土の品質管理を課題とした。（課題のテーマ）

⑵技術的課題を解決するために検討した項目と検討理由及び検討内容

ため池泥土の脱水ケーキを築堤土として使用することから、築堤土の品質を管理するために、以下のことを検討した。 ｝前書き

近傍地区浚渫土の脱水ケーキの強熱減量は14%と高く、関東ロームの約2倍程度であった。一般的に水溶性の材料や、有機物を含んだ土は、遮水材料としては好ましいものではない。 ｝課題の具体的な内容（課題の詳細事項）

よって、脱水ケーキと現地発生土を混合させ、強熱減量が堤体材料として実績のある関東ロームと同程度となるようにすることにより、築堤土の品質を確保した。 ｝課題の解決方法

⑶上記検討の結果，現場で実施した対応処置とその評価

築堤土の品質を確保するために、次のとおり実施した。 ｝前書き

樋管建設時に発生した堤体の土と、近傍のため池からの脱水ケーキをブレンドした。

関東ローム程度の強熱減量約7%となるようにブレンドし、現地での試験で確認することにより品質を確保した。 ｝課題解決をいかに現場で実施したか

工事の結果、築堤土の品質を確保することにより、確実な堤防を築堤することができた。 ｝対応処置と結果成果の評価

経験記述文章例文　No.12　【河川工事】

設問課題 （両課題に対応）	管理・計画的課題	出来形管理
	工事・工種的課題	土　工
キーワード	盛土の沈下管理	

［設問 1］

(1) 工事名

工 事 名	第 ○○ 調整池新設工事

(2) 工事の内容

①	発注者名	国土交通省 ○○ 地方整備局
②	工事場所	埼玉県坂戸市 ○○ 地先
③	工　　期	令和○○年8月22日～令和○○年6月8日
④	主な工種	盛土工、堤防築堤工
⑤	施 工 量	延長135 m、築堤量5200 m³

(3) 工事現場における施工管理上のあなたの立場

立　　場	現場主任

［設問 2］

(1)特に留意した技術的課題

本工事は、○○ 地区に新規に設置する洪水用調整池の築堤工事である。 ｝課題となる工事の概要

調整池の基礎地盤は軟弱で圧密沈下が生じることがわかっており、盛土工法はプレロード工法で築堤を行うこととなっていた。よって、 ｝課題とした理由

圧密沈下が予定どおり進行していることの確認方法を課題とした。 ｝課題のテーマ

⑵技術的課題を解決するために検討した項目と検討理由及び検討内容

築堤後の圧密沈下を確認するために次のことを検討した。 ｝前書き

軟弱な基礎地盤での現場観測項目は、上部シルト５m上に地表面沈下板を設置し、調査地点の沈下量を測定した。下部シルト層6.3mには、層別沈下計を設置し土層の沈下量を測定した。上部、下部のシルト層内に間隙水圧計を設置して圧密進行状況を観測した。 ｝課題の具体的な内容（課題の詳細事項）

各現場測定項目について、プレロード終了まで定期的に測定し、圧密沈下量42 cmの進行を確認するようにした。 ｝課題の解決方法

⑶上記検討の結果，現場で実施した対応処置とその評価

検討の結果、次のことを行った。 前書き

不動点から沈下板ロッド先端の水準測量を各現場測定地点で行い、盛土期間中は１日１回、１ヵ月目までは３日に１回、３ヵ月目までは１週１回、３ヵ月以降は１ヵ月１回の測定頻度で実施した。最終的にプレロード期間９ヵ月において圧密沈下量42 cmを確認した。 ｝課題解決をいかに現場で実施したか

評価としては、観測項目、調査地点の設定により圧密状況を的確に把握したことである。 ｝対応処置と結果成果の評価

経験記述文章例文 No.13 【河川工事】

設問課題（両課題に対応）	管理・計画的課題	工程管理
	工事・工種的課題	土　工
キーワード	盛土の沈下の工程管理	

[設問 1]

(1) 工事名

工 事 名	第 ○○ 工区堤防新設工事

(2) 工事の内容

①	発注者名	国土交通省 ○○ 地方整備局
②	工事場所	埼玉県深谷市 ○○ 地先
③	工　期	令和○○年5月13日～令和○○年3月15日
④	主な工種	盛土工、堤防築堤工
⑤	施 工 量	築堤量 4800 m^3

(3) 工事現場における施工管理上のあなたの立場

立　場	現場主任

[設問 2]

(1)特に留意した技術的課題

本工事は、排水樋管改築にともない既設堤防を嵩上げし補強する築堤工事である。（課題となる工事の概要）

既設堤防の基礎地盤は軟弱で圧密沈下が生じることがわかっており、盛土工法はプレロード工法で築堤を行うこととなっていた。よって、（課題とした理由）

圧密沈下が予定どおり進行しているかを工程管理の課題とした。（課題のテーマ）

⑵技術的課題を解決するために検討した項目と検討理由及び検討内容

嵩上げを伴う築堤工事の圧密沈下の進行を確認するために以下のことを検討した。　前書き

圧密沈下の現場観測項目は、上部シルト層3ｍ上に地表面沈下板を設置し、工事地点の沈下量を測定した。下部シルト層4.6ｍに、層別の沈下計を設置することで土層の沈下量を測定した。上部、下部のシルト層内に間隙水圧計を設置して圧密進行状況を観測した。　課題の具体的な内容（課題の詳細事項）

各現場測定項目について、プレロード終了まで定期的に測定し圧密沈下量22ｃｍの進行を確認できるように設定した。　課題の解決方法

⑶上記検討の結果，現場で実施した対応処置とその評価

圧密沈下の進行を以下のように管理した。　前書き

不動点から沈下板ロッド先端の水準測量を行い、各現場測定地点で、盛土期間中は１日１回、１ヵ月目までは３日に１回、３ヵ月目までは１週１回、３ヵ月以降は１ヵ月１回の測定頻度で実施した。最終的にプレロード期間９ヵ月において圧密沈下量42ｃｍを確認した。　課題解決をいかに現場で実施したか

評価は、観測項目、地点の設定等より圧密状況を管理し工期内に終了できたことである。　対応処置と結果成果の評価

経験記述文章例文 No.14 【農業土木工事】

設問課題	管理・計画的課題	品質管理
(両課題に対応)	工事・工種的課題	土　工
キーワード	盛土の品質管理	

[設問 1]

(1) 工事名

工 事 名	○○ 地区調整池築堤工事

(2) 工事の内容

①	発注者名	茨城県 ○○ 土木事務所
②	工事場所	茨城県石岡市 ○○ 地先
③	工　　期	令和○○年8月20日～令和○○年3月15日
④	主な工種	調整池築堤工
⑤	施 工 量	延長 210 m、盛土量 4500 m^3

(3) 工事現場における施工管理上のあなたの立場

立　　場	現場代理人

[設問 2]

(1)特に留意した技術的課題

本工事は、○○ 川に付帯する防災用の調整池築堤工事である。（課題となる工事の概要）

工事実施前の設計、調査等で築堤予定地の基礎地盤が軟弱であることが判明していた。軟弱な地盤は、N値2以下のシルト層が6m程度堆（課題とした理由）

積していることから圧密沈下の懸念があり、築堤時の盛土変形に対する品質管理を課題とした。（課題のテーマ）

⑵技術的課題を解決するために検討した項目と検討理由及び検討内容

築堤中、築堤後の堤体の形状を確保するために、盛土の挙動、変形に対して定性的な傾向を以下とし管理を行うこととした。

前書き

①盛土面にヘアークラックが発生する。
②盛土中央部の沈下量が急激に増加する。
③盛土法尻付近の変位量が増加する。
④盛土の変形が進み、かつ間隙水圧が上昇する。

課題の具体的な内容
（課題の詳細事項）

これらを盛土面に設置した沈下板や盛土法尻に設置した変位杭、間隙水圧測定で評価することで、工事期間中の盛土の挙動を監視し、盛土変形に対する品質管理を行った。

課題の解決方法

⑶上記検討の結果，現場で実施した対応処置とその評価

検討の結果、現場において下記の事項を実施した。

前書き

盛土面沈下板は、堤頂法肩２箇所に設置した。法尻には５ｍピッチで２本地表面変位杭を設置した。堤頂部には間隙水圧計を設置し、別に定めた観測頻度に合わせて盛土面のクラック発生状況を観測し、品質管理を実施した。

課題解決をいかに現場で実施したか

評価は、観測結果による対策を随時実施することで計画の盛土が施工できたことである。

対応処置と結果
成果の評価

経験記述文章例文 No.15 【農業土木工事】

設問課題（両課題に対応）	管理・計画的課題	出来形管理
	工事・工種的課題	土工
キーワード	出来形管理の効率化	

[設問 1]

(1) 工事名

工事名	県営〇〇地区農地造成工事

(2) 工事の内容

①	発注者名	埼玉県〇〇市
②	工事場所	埼玉県〇〇市〇〇町地内
③	工期	令和〇〇年10月6日～令和〇〇年3月26日
④	主な工種	盛土工
⑤	施工量	盛土 90000 m³

(3) 工事現場における施工管理上のあなたの立場

立場	現場代理人

[設問 2]

(1)特に留意した技術的課題

本工事は、水田に耕作に適した土を約90000 m³盛土する農地造成工事である。（課題となる工事の概要）

農地造成を行う面積は7haで、その約半分の水田に対し所定の盛土を行うものであったが、盛土量が非常に多く工事の進捗を明確（課題とした理由）

にするための測量と図化、土量計算の作業効率化が課題となった。（課題のテーマ）

⑵技術的課題を解決するために検討した項目と検討理由及び検討内容

造成時の盛土量の管理を効率的に行うために以下のことを行った。 ―― 前書き

当初測量に4日、内業、土量計算に2日も要したことから、造成面積7haの農地に対し、迅速に測量を行える方法を検討した。

測量結果から、効率的に横断図を作成する手順を検討した。

横断図から、迅速に土量計算を行えるような土量計算書の作成を検討した。 ―― 課題の具体的な内容（課題の詳細事項）

以上の出来形管理計画を立案することにより、工事の進捗を確実に管理することができた。 ―― 課題の解決方法

⑶上記検討の結果，現場で実施した対応処置とその評価

検討の結果、下記事項を実施した。 ―― 前書き

最新の測量技術を調査して、短期間に広範囲の測量を行えるレーザースキャナ測量システムを採用した。自動計測のため、測量作業を1日で終えることができ、データ整理と報告書作成をフォーマット化し2日で処理できた。 ―― 課題解決をいかに現場で実施したか

以上により、出来形管理の効率化を図ることができた。評価としては、最新の測量機器を採用し運用できたことである。 ―― 対応処置と結果成果の評価

経験記述文章例文 No.16 【橋梁工事】

設問課題 （両課題に対応）	管理・計画的課題	品質管理
	工事・工種的課題	基礎工（杭基礎）
キーワード	中掘杭の根固めセメントミルクの品質確保	

［設問 1］

⑴ 工事名

工事名	国道〇〇号〇〇改良工事（〇〇橋下部工工事）

⑵ 工事の内容

①	発注者名	千葉県〇〇地域整備センター
②	工事場所	千葉県市川市〇〇町〇丁目〇番
③	工期	令和〇〇年10月2日～令和〇〇年3月31日
④	主な工種	中掘杭工（先端根固め工）
⑤	施工量	鋼管杭φ 500 mm、16本 杭長19 m

⑶ 工事現場における施工管理上のあなたの立場

立場	現場監督

［設問 2］

⑴特に留意した技術的課題

本工事は既設橋梁の改築工事で、下部工工事は中掘杭工法によって、橋台の基礎杭、鋼管杭φ 500 mm 19 mを16本沈設した。 ｝課題となる工事の概要

杭先端処理として採用されている根固め球根の施工にあたり、スパイラルオーガの先端から噴出するセメントミルクの品質を確保することを課題とした。 ｝課題とした理由と課題のテーマ

⑵技術的課題を解決するために検討した項目と検討理由及び検討内容

杭先端処理の根固め球根を築造する、セメントミルクの品質を確保するために、次のように検討した。 ｝前書き

①バラセメントの計量は、計量器による重量、水は水管計によって各所定の量を確認する。
②計量した水にセメントを投入し練り混ぜ、セメントミルクの比重を測定することによって、水セメント比を確認する。
③セメントミルクの圧縮強度は、地盤強度から 20 N/mm² を管理値とし、セメントミルクの品質を確保した。 ｝課題の具体的な内容（課題の詳細事項）課題の解決方法

⑶上記検討の結果，現場で実施した対応処置とその評価

検討の結果、次の対応処置をした。 前書き

混練したセメントミルクをミキサ吐出口から採取し比重が65%となるよう管理した。また、同様に採取したセメントミルクでφ5×10 cmの円柱供試体を作成し、橋台ごとに1回、3本採取し、圧縮強度 20 N/mm² 以上を得てセメントミルクの品質を確保した。 ｝課題解決をいかに現場で実施したか

対応処置により、確実に鋼管杭の施工を行い橋梁下部工の施工を終えることができた。 ｝対応処置と結果成果の評価

経験記述文章例文 No.17 【河川工事】

設問課題（両課題に対応）	管理・計画的課題	安全管理
	工事・工種的課題	基礎工（杭基礎）
キーワード	杭打設時の安全管理	

[設問 1]

(1) 工事名

工 事 名	○○ 用水路整備工事

(2) 工事の内容

①	発注者名	埼玉県草加市
②	工事場所	埼玉県草加市 ○○ 町 ○○ 地先
③	工　期	令和○○年7月20日～令和○○年9月30日
④	主な工種	杭打ち工
⑤	施 工 量	PHC杭φ 450 mm、16本 杭長 22 m

(3) 工事現場における施工管理上のあなたの立場

立　場	現場主任

[設問 2]

(1)特に留意した技術的課題

本工事は、ボックスカルバートの基礎をPHC 杭φ 450 mm で施工する。 ｝課題となる工事の概要

施工するボックスカルバートは、現況水路水路底から 2.3 m を埋め戻して杭打機の地盤を確保することから、杭打ち機の転倒を防止 ｝課題とした理由

することと、ヤットコ使用後の穴への労働者の落下を防止することを課題とした。 ｝課題のテーマ

⑵技術的課題を解決するために検討した項目と検討理由及び検討内容

杭打ち機の転倒防止と、ヤットコ使用後の穴による労働災害を防止するために、以下のことを行った。（前書き）

杭打ち機が埋め戻した土水路内で転倒することを防止するために、排水路河床の堆積土を湿地ブルドーザで掘削し、下流工区で発生した砂質土を敷き均したうえで、作業範囲に鉄板を敷くこととし、杭打ち機の安定を確保した。（課題の具体的な内容（課題の詳細事項））

また、ヤットコを使用して杭を打設したあとの穴には、発生土を使用して埋めることにより労働者の安全を確保した。（課題の解決方法）

⑶上記検討の結果，現場で実施した対応処置とその評価

杭打ち時の労働災害を防止するために、現場では以下の対応処置を行った。（前書き）

杭打ち機の安定を確保するために、下流工区で発生した砂質土を60 cm敷き均し、鉄板を走行範囲に2列で敷いた。杭打ち後は仮置きしておいた本現場での発生土を用い、ヤットコの穴を埋めて安全対策を実施した。（課題解決をいかに現場で実施したか）

対応処置の結果、杭打ち期間中の労働災害を発生させることなく工事を完了させた。（対応処置と結果成果の評価）

経験記述文章例文　No.18　【河川工事】

設問課題 （両課題に対応）	管理・計画的課題	工程管理
	工事・工種的課題	基礎工（杭基礎）
キーワード	施工環境の改善による工程確保	

［設問 1］

⑴　工事名

工 事 名	排水幹線整備 〇〇 地区　樋管基礎工事

⑵　工事の内容

①	発注者名	神奈川県伊勢原市
②	工事場所	神奈川県伊勢原市 〇〇 町 〇 丁目 〇 番地
③	工　　期	令和〇〇年6月20日～令和〇〇年3月27日
④	主な工種	杭打ち工
⑤	施 工 量	ＰＨＣ杭ϕ 600 mm、42本 杭長 14 m

⑶　工事現場における施工管理上のあなたの立場

立　　場	現場監督

［設問 2］

⑴特に留意した技術的課題

　この工事は、排水幹線樋管工の基礎工事で、42 本の杭を打設するものである。 ｝課題となる工事の概要

　排水本線の 〇〇 川を鋼矢板で締め切り、堤防を開削して本工事を行うことから、降雨時には河川が増水し、河床以下杭施工地盤面 ｝課題とした理由

はドライワークが非常に難しい。よって、工程の確保を課題とした。 ｝課題のテーマ

⑵技術的課題を解決するために検討した項目と検討理由及び検討内容

記述例	解説
排水幹線樋管工事の杭基礎打設において、施工地盤の不良による工程の遅れを回避するために、次のことを行った。	前書き
降雨時の河川増水、地下水の上昇による影響を最小限にするために、ボーリング調査結果から、周辺地盤の地下水位を把握し、杭打設地盤高が地下水位以下にならないような盛土をした。このことにより河川増水時、地下水位上昇時においても、地下水位と施工地盤	課題の具体的な内容（課題の詳細事項）
との水位差がないことから、湧水が少なくなり、作業効率を上げることにより、工程を確保した。	課題の解決方法

⑶上記検討の結果，現場で実施した対応処置とその評価

記述例	解説
工程確保のため、次の対応処置を行った。	前書き
締め切り内の施工地盤高GL－2.9 mをボーリング調査結果の地下水位GL－1.8 mまで盛土をした。河川水位はGL換算で－0.7の掘り込み河道であったこともあり、増水時には釜場排水で対応できる程度であった。結果、杭打ち工程を確保した。	課題解決をいかに現場で実施したか
対応処置により、ドライワークが可能になり、工期内に施工することができた。	対応処置と結果成果の評価

経験記述文章例文 No.19 【下水道工事】

設問課題 (両課題に対応)	管理・計画的課題	施工計画
	工事・工種的課題	基礎工(杭基礎)
キーワード	中間層に礫層が介在している場合の杭長確保	

[設問 1]

(1) 工事名

工事名	○○排水機場工事

(2) 工事の内容

①	発注者名	埼玉県○○下水道事務所
②	工事場所	埼玉県川越市○○町○丁目
③	工期	令和○○年9月15日～令和○○年2月18日
④	主な工種	中掘杭基礎工
⑤	施工量	PHC杭φ700 mm、14本 杭長20 m

(3) 工事現場における施工管理上のあなたの立場

立場	現場主任

[設問 2]

(1)特に留意した技術的課題

本工事は、○○排水機場下部工の基礎工事として、PHCφ700 mmの基礎杭を中掘杭工法によって施工するものである。 ―― 課題となる工事の概要

地質調査結果から、地盤より2.4 mの浅い深度に礫層が介在していることが分かっていた。 ―― 課題とした理由

この層を掘削する際、杭体を傷つけることのない工法の採用を課題とした。 ―― 課題のテーマ

⑵技術的課題を解決するために検討した項目と検討理由及び検討内容

中掘杭工法により杭を安全に掘削し沈設するために、次のように検討した。	前書き
層厚 0.9 m、礫径 80 mm の中間礫層を掘削する際、杭内径の 1/5（100 mm）以下の礫径であるが、ボーリング調査では実際の礫径より小さい可能性が予想され、検討の結果、スパイラルオーガでこの層を掘削することは危険であった。	課題の具体的な内容（課題の詳細事項）
しかし、この礫層は基礎地盤面から比較的浅い位置で、層厚も 0.9 m と薄いことから、礫層を先行排除する工法を採用した。	課題の解決方法

⑶上記検討の結果，現場で実施した対応処置とその評価

検討の結果、以下の対応処置を実施した。	前書き
杭径 700 mm、杭内径 500 mm であることから、試験杭を杭径 500 mm 用のプレボーリング工法により礫層までを排除した。掘削排土された礫の状態を確認し、中掘杭工法によって 20 m の杭長を掘削し沈設することができたので、プレボーリング併用の中掘工法を採用した。	課題解決をいかに現場で実施したか
評価としては、プレボーリングの併用を提案し、所定の杭長を沈設したことがあげられる。	対応処置と結果成果の評価

経験記述文章例文 No.20 【河川工事】

設問課題（両課題に対応）	管理・計画的課題	出来形管理
	工事・工種的課題	基礎工（杭基礎）
キーワード	中掘杭の掘削長の確保，支持層の確認	

[設問 1]

(1) 工事名

工 事 名	○○川河川改修工事（暗渠基礎工事）

(2) 工事の内容

①	発注者名	静岡県 ○○ 土木事務所
②	工事場所	静岡県静岡市 ○○ 区 ○○ 町 ○ 丁目 ○ 番
③	工　　期	令和○○年11月10日～令和○○年3月20日
④	主な工種	既製杭（中掘杭）基礎工
⑤	施 工 量	PHC 杭φ 600 mm、10本 杭長平均 16 m 取り付け暗渠延長 19.5 m

(3) 工事現場における施工管理上のあなたの立場

立　　場	現場監督

[設問 2]

(1)特に留意した技術的課題

本工事は、取り付け暗渠の基礎工事を中掘杭工法で行うものである。（課題となる工事の概要）

中掘杭工法は、杭径φ 600 mm を用い先端根固めを行う。この工法では、支持力の発現がその場で確認できないことから、確実に（課題とした理由）

杭先端が支持層へ根入れされ、平均杭長 16 m を確保することの確認を課題とした。（課題のテーマ）

⑵技術的課題を解決するために検討した項目と検討理由及び検討内容

中掘杭工法による杭長の確保と先端支持層の確認を行うため、以下の検討を行った。 ｝前書き

既存ボーリングデータが１本しかなく、周辺の地形形状から河川付近での地層の変化が予想され、取り付け暗渠（延長19.5 m）全ての基礎杭で同一の支持層深さとなっているかが確定できなかった。また、先端根固めを行うことから、支持層深さを明確にして、全ての基礎杭において杭沈設長を確保する必要がある。 ｝課題の具体的な内容（課題の詳細事項）

よって、ボーリング調査を１本追加実施し、支持層深さを確定し、平均杭長16 m を確保した。 ｝課題の解決方法

⑶上記検討の結果，現場で実施した対応処置とその評価

検討の結果、次の対応処置を実施した。 前書き

新しいボーリング調査を既存調査位置から構造物の最遠ポイントで実施し、杭配置縦断図に地層変化、支持層深さを追記した。また、スパイラルオーガが所定の深さに達した段階で掘削土砂の確認とオーガ電流値の変化から、支持層深さと杭長16 m を確保した。 ｝課題解決をいかに現場で実施したか

評価としては、ボーリング調査を追加して支持層深さを明確にしたことがあげられる。 ｝対応処置と結果成果の評価

経験記述文章例文 No. 21 【下水道工事】

設問課題 （両課題に対応）	管理・計画的課題	工程管理
	工事・工種的課題	基礎工（地盤改良工）
キーワード	薬液注入による止水の工期短縮	

[設問 1]

⑴ 工事名

工 事 名	雨水 ○○ 号幹線管路工事

⑵ 工事の内容

①	発注者名	愛媛県今治市
②	工事場所	愛媛県今治市 ○ 町地内
③	工　　期	令和○○年6月18日～令和○○年3月22日
④	主な工種	雨水管布設工
⑤	施 工 量	φ 1200 mm、L＝120 m 薬液注入、本数 28 本

⑶ 工事現場における施工管理上のあなたの立場

立　　場	現場主任

[設問 2]

⑴特に留意した技術的課題

本工事は、雨水排水機場へ雨水、洪水時の汚水を流入させる排水管路推進工事である。（課題となる工事の概要）

ボーリングデータ等から地下水が高いことがわかっていたので、ディープウェル工法を採用し地下水を下げたが、予想よりも湧水が多く薬液注入の数量が増加することが予想されたことから、工期短縮に留意した。（課題とした理由／課題のテーマ）

⑵技術的課題を解決するために検討した項目と検討理由及び検討内容

仮設排水と薬液注入の施工量増加に対し、工期を短縮するために次のことを行った。　前書き

地下水が高く、到達立坑で薬液注入時にディープウェルを併用施工する必要があるが、揚水により薬液が希釈されてゲル化機構を失う可能性があり、ディープウェルを停止して工期を確保できる薬液注入工法の再検討を行った。

地下水の影響を考慮してゲルタイムは瞬結タイプを選び、標準注入速度の大きい二重管ストレーナ工法を採用することにより、薬液注入の工期を確保することができた。　課題の解決方法

⑶上記検討の結果，現場で実施した対応処置とその評価

検討の結果、現場では以下のことを実施した。　前書き

溶液型水ガラス系は瞬結タイプを用い、注入速度16 L/minを管理基準値として自己記録流量計で管理した。異常時は注入を中断する処置を周知徹底し、注入圧力が0.5～1.5 MPaと変化する状況を監視し、予定工程内で28本の削孔を行うことができた。　課題解決をいかに現場で実施したか

ゲルタイムと二重管ストレーナ工法の選定が工期短縮のポイントであった。　対応処置と結果成果の評価

経験記述 1　土工 2　コンクリート 3　品質管理 4　安全管理 5　施工計画 6　環境保全対策等 7

経験記述文章例文 No.22 【河川工事】

設問課題（両課題に対応）	管理・計画的課題	品質管理
	工事・工種的課題	基礎工（地盤改良工）
キーワード	地盤改良強度の品質管理方法	

[設問 1]

(1) 工事名

工 事 名	○○ 排水樋管基礎工事

(2) 工事の内容

①	発注者名	静岡県 ○○○ 浜松土木事務所
②	工事場所	静岡県浜松市 ○○ 区 ○○ 地先
③	工　期	令和○○年10月15日～令和○○年3月30日
④	主な工種	排水樋管工
⑤	施 工 量	B 1.80×H 1.80、延長＝30 m 改良ボリューム 180 m^3

(3) 工事現場における施工管理上のあなたの立場

立　場	現場監督

[設問 2]

(1)特に留意した技術的課題

本工事は、○○ 排水路末端の樋管工事で、基礎は浅層混合改良による柔構造基礎である。（課題となる工事の概要）

柔構造基礎の浅層混合改良工法は、トレンチャー式の撹拌工法で行うことから、6.0 mの深度で強度が不均一となる懸念があった。（課題とした理由）

よって、所定の必要強度が均一に得られるよう改良強度の品質管理方法を課題とした。（課題のテーマ）

⑵技術的課題を解決するために検討した項目と検討理由及び検討内容

トレンチャー式撹拌工法による改良強度の品質管理方法について、次のように検討した。　前書き

基礎地盤の一部をトレンチャーで混合、撹拌した後、流動化した状態の改良土へバックホウのバケットに装着したモールド試料採取器を建て込み、採取した試料を一軸圧縮試験で確認した。　課題の具体的な内容（課題の詳細事項）

試料採取モールドの建て込みは、改良体に対し、上部 1.0 m、中部 3.0 m、下部 4.5 m の３箇所で採取することにより、改良体の品質を確実に確認、評価できた。　課題の解決方法

⑶上記検討の結果，現場で実施した対応処置とその評価

検討の結果、以下のことを実施した。　前書き

改良地盤に対し、モールド試料採取器で上部、中部、下部の３供試体を採取した。３本の供試体の一軸圧縮強度が設計基準強度の 85%、平均値が設計基準強度以上となっていることを確認し、トレンチャー式撹拌工法による改良体の品質を確保した。　課題解決をいかに現場で実施したか

評価としては、深度ごとに強度が変化していながらも所定の強度が確認できたことにある。　対応処置と結果成果の評価

経験記述文章例文 **No.23** 【河川工事】

設問課題 （両課題に対応）	管理・計画的課題	品質管理
	工事・工種的課題	基礎工（地盤改良工）
キーワード	地盤改良のセメント添加量	

［設問 1］

⑴ 工事名

工 事 名	第○号排水路整備工事

⑵ 工事の内容

①	発注者名	静岡県掛川市
②	工事場所	静岡県掛川市 ○○○ 地先
③	工　期	令和○○年9月15日～令和○○年2月18日
④	主な工種	排水路工
⑤	施 工 量	ボックスカルバートL＝12.0 m 地盤改良 300 m^3

⑶ 工事現場における施工管理上のあなたの立場

立　場	工事主任

［設問 2］

⑴特に留意した技術的課題

本工事は、B 2.5 m×H 1.6 mのボックスカルバートを敷設するもので、改良深度7.5 mの地盤改良を実施する工事である。 ―― 課題となる工事の概要

基礎地盤7.5 mを改良するにあたり、必要な設計基準強度は190 kN/m^2であった。 ―― 課題とした理由

この強度を得るために、室内配合試験における最適なセメント添加量を品質管理の課題とした。 ―― 課題のテーマ

⑵技術的課題を解決するために検討した項目と検討理由及び検討内容

改良強度とセメント添加量の品質管理について、次のように検討した。 ―前書き

改良地盤に対し、3本の試験供試体を作成し、全ての供試体が設計基準の85%以上とした。また、3本の平均値が設計基準強度以上とした。

設計基準強度と室内目標強度は、190 kN/m² ＝室内目標強度 ×0.3〜0.4 の関係にある。 ―課題の具体的な内容（課題の詳細事項）

554 kN/m² を室内目標強度とし、最適な添加量を配合試験結果から求め、セメント添加量の品質管理を行った。 ―課題の解決方法

⑶上記検討の結果，現場で実施した対応処置とその評価

検討の結果、以下のことを実施した。 ―前書き

改良地盤の試験供試体は、100 m³ ごとに1回、3本採取した。試験供試体の品質管理を設計基準強度に対し85%以上、平均値100%以上とした。高炉セメントによる配合試験より、室内目標強度554 kN/m²に対し232 kg の添加量とし、品質を確保した。 ―課題解決をいかに現場で実施したか

工事の結果、必要な強度を確保した基礎のボックスカルバートを施工することができた。 ―対応処置と結果成果の評価

経験記述文章例文 No.24 【道路工事】

設問課題（両課題に対応）キーワード	管理・計画的課題	品質管理
	工事・工種的課題	基礎工（地盤改良工）
	軟弱地盤路床改良の品質管理	

[設問 1]

(1) 工事名

工事名	第○号道路改良工事

(2) 工事の内容

①	発注者名	三重県○○市
②	工事場所	三重県○○市○○町地内
③	工期	令和○○年10月11日～令和○○年2月16日
④	主な工種	路床工
⑤	施工量	施工面積1200 m²

(3) 工事現場における施工管理上のあなたの立場

立場	現場代理人

[設問 2]

(1)特に留意した技術的課題

本工事は、昨年度実施した県道○○線に接続する道路改良工事である。表層5 cm、上層路盤15 cm、下層路盤20 cmを施工するものであった。（課題となる工事の概要）

施工箇所は水田地帯で、全体的に粘性土地盤であり、路床部が軟弱であることが分かっていた（課題とした理由）ことから、地盤改良の品質が課題となった。（課題のテーマ）

⑵技術的課題を解決するために検討した項目と検討理由及び検討内容

現場の路床地盤が軟弱であったため、軟弱地盤対策として路床の安定化を図るために以下の検討を行った。	前書き
路床部の軟弱地盤を把握するために、試掘調査を行い、路床土の支持力比を求めるためにCBR試験を実施した。 試料の採取は20 mピッチとし、横断方向左右、中央の3箇所の路床土を採取してCBR試験を実施し軟弱土の分布を把握した。	課題の具体的な内容（課題の詳細事項）
採取した試料を用い、セメント系固化材による改良厚、強度の検討を行った。	課題の解決方法

⑶上記検討の結果，現場で実施した対応処置とその評価

検討の結果、下記対策を行った。	前書き
路床の設計CBRは7%であったが、現場の平均CBRは1.5%、最小0.5%であった。この値を棄却検定の後に改良設計を実施し、路床地盤の改良厚60 cm、固化材の散布量を62～110 kg/m² と決定した。	課題解決をいかに現場で実施したか
計画どおりに現場で固化材を散布し、改良厚を確保したことにより舗装工事完了後もひび割れることがなかったことが評価できる。	対応処置と結果 成果の評価

経験記述 土工 コンクリート 品質管理 安全管理 施工計画 環境保全対策等

経験記述文章例文 No.25 【農業土木工事】

設問課題 （両課題に対応）	管理・計画的課題	施工計画
	工事・工種的課題	基礎工（地盤改良工）
キーワード	施工機械のトラフィカビリティー確保	

［設問 1］

(1) 工事名

工 事 名	○○用水路整備工事

(2) 工事の内容

①	発注者名	千葉県匝瑳市
②	工事場所	千葉県匝瑳市○○地先
③	工 期	令和○○年8月22日～令和○○年3月8日
④	主な工種	用水路工
⑤	施 工 量	L型水路H1.6 m 延長＝196 m

(3) 工事現場における施工管理上のあなたの立場

立 場	現場主任

［設問 2］

(1)特に留意した技術的課題

本工事は、水田地帯の用水路工事で、L型水路ブロックにより3面張り水路へ改修する。 ｝課題となる工事の概要

L型水路を設置する場所は、もともと土水路であったため、泥が堆積し非常に軟弱な地盤であった。このことから、掘削用の重機の ｝課題とした理由

のトラフィカビリティーを確保して能率的な施工計画にすることを課題とした。 ｝課題のテーマ

⑵技術的課題を解決するために検討した項目と検討理由及び検討内容

掘削用重機のトラフィカビリティーを確保するために、以下のことを検討した。 ――前書き

施工機械のトラフィカビリティーは、湿地ブルドーザのコーン指数より400 kN/m² を確保することとした。必要なコーン指数を得るために、土水路であった基礎部をセメント系固化材を使用して地盤改良することとした。 ――課題の具体的な内容（課題の詳細事項）

改良厚さは、バックホウによる攪拌能力を考慮して50 cmとし、掘削対象範囲の基礎部を全て改良し、施工機械のトラフィカビリティーを確保することができた。 ――課題の解決方法

⑶上記検討の結果，現場で実施した対応処置とその評価

検討の結果、現場では下記を実施した。 ――前書き

一般地盤用のセメント系固化材を使用し、水路基礎部を地盤改良しながら水路方向へ施工した。改良厚さは50 cmとし、掘削用重機のトラフィカビリティーを確保した。また、掘削後、敷鉄板を設置して、工事用道路とすることで、効率よく施工することができた。 ――課題解決をいかに現場で実施したか

評価としては、工事開始時に地盤改良を採用した点で、これにより工期内で施工できた。 ――対応処置と結果成果の評価

経験記述文章例文 No.26 【河川工事】

設問課題 （両課題に対応）	管理・計画的課題	品質管理
	工事・工種的課題	河川護岸工
キーワード	間詰めコンクリートのひび割れ防止	

[設問 1]

(1) 工事名

工事名	○○川治水整備工事○○地区

(2) 工事の内容

①	発注者名	静岡県○○土木事務所
②	工事場所	静岡県焼津市○○地先
③	工期	令和○○年9月10日～令和○○年3月26日
④	主な工種	護岸工
⑤	施工量	法枠式ブロック張工 2500 m^2 基礎コンクリート工 280 m

(3) 工事現場における施工管理上のあなたの立場

立場	現場主任

[設問 2]

(1)特に留意した技術的課題

この工事は、プレキャストコンクリート法枠を格子状に組み立てる河川工事である。（課題となる工事の概要）

前年度、同時期に施工した下流工区の工事で、間詰めコンクリート部分に線状のひび割れが発生していた。ひび割れは、補修が必要な（課題とした理由）

0.4mm以上のものが多いことから、間詰めコンクリートの品質管理を課題とした。（課題のテーマ）

⑵技術的課題を解決するために検討した項目と検討理由及び検討内容

ひび割れ発生を防止する、間詰めコンクリートの品質管理を次のように行った。

前書き

ひび割れの発生原因は、施工時期が風の強い冬季に施工され、また、遮蔽物のない工事箇所において、コンクリート打設直後の初期養生中に発生したものと考えられた。その要因としては、風によりコンクリート表面が急速に乾燥して、コンクリートの硬化作用が止まり、コンクリートが収縮したものと判断した。

課題の具体的な内容
（課題の詳細事項）

このことから、養生中の風対策、確実な養生によりコンクリートの品質を確保した。

課題の解決方法

⑶上記検討の結果，現場で実施した対応処置とその評価

検討の結果、以下のことを実施した。

前書き

ひび割れを防止するために、間詰めコンクリートを打設して水が引いた時期に、再度コテ仕上げを行った。養生は、浸透型の表面養生材を散布して養生マットで覆い、５日間特に風が当たらないよう実施した。結果、ひび割れは見られず、所定の品質は確保できた。

課題解決をいかに現場で実施したか

評価は、ひび割れの要因を特定できた点で、ひび割れのないコンクリートを打設できた。

対応処置と結果
成果の評価

経験記述文章例文 No. 27 【河川工事】

設問課題 （両課題に対応）	管理・計画的課題	安全管理
	工事・工種的課題	河川護岸工
キーワード	仮締め切り法面の安定処理	

［設問 1］

⑴ 工事名

工 事 名	総合治水対策特定河川工事

⑵ 工事の内容

①	発注者名	埼玉県 ○○ 県土整備事務所
②	工事場所	埼玉県鴻巣市 ○○ 地先
③	工 期	令和 ○○ 年9月12日～令和 ○○ 年2月14日
④	主な工種	護岸工
⑤	施 工 量	連接ブロック式護岸　法長 3.8 m 施工延長 260 m

⑶ 工事現場における施工管理上のあなたの立場

立 場	工事主任

［設問 2］

⑴特に留意した技術的課題

本工事は、二級河川 ○○ 川の法面を補強するためのコンクリート護岸工事である。（課題となる工事の概要）

護岸の施工にあたり、河川内へ盛土にて仮締め切りを行ったところ、仮締め切りからの湧水が多く、基礎部コンクリートの施工が困難な状態になった。（課題とした理由）

よって、湧水に対し安全に施工することを課題とした。（課題のテーマ）

⑵技術的課題を解決するために検討した項目と検討理由及び検討内容

湧水に対し、仮締め切りの安定を確保し、安全に施工するために次のことを検討した。 ― 前書き

盛土による仮締め切り内には、φ200 mmの水中ポンプ２台を設置して掘削を行ったが、砂質分が多いことから、湧水により法面に崩壊が生じた。そこで、仮設盛土法面に土木シートを張って遮水することとした。また、土木シートがはがれないように、法尻等を土のうで押さえることとした。掘削工事側の法面については、盛土を補強する目的で、法尻部に土のうを積み、押さえ盛土とすることで安全を確保した。 ― 課題の具体的な内容（課題の詳細事項）課題の解決方法

⑶上記検討の結果，現場で実施した対応処置とその評価

仮締め切り盛土を安定させるために、以下のことを行った。 ― 前書き

土木シートは、河川側の遮水だけではなく、掘削工事側の法面も、雨水の浸食防止で敷設した。法尻の補強は、土のうを６段積み、単管パイプを立てて周囲を固定し、崩れないようにすることで安全に施工することができた。 ― 課題解決をいかに現場で実施したか

仮締切り盛土を安定させたことで、事故もなく、工期内に工事を完了させることができた。 ― 対応処置と結果 成果の評価

経験記述文章例文 No.28 【河川工事】

設問課題 （両課題に対応）	管理・計画的課題	施工計画
	工事・工種的課題	河川樋管工
キーワード	周辺環境への騒音防止対策	

［設問 1］

⑴ 工事名

工 事 名	○○排水路樋管整備工事

⑵ 工事の内容

①	発注者名	愛知県一宮市
②	工事場所	愛知県一宮市○○地先
③	工　期	令和○○年10月12日～令和○○年3月10日
④	主な工種	樋管工
⑤	施 工 量	樋管断面　B 2.6×H 1.9 m、L＝18 m

⑶ 工事現場における施工管理上のあなたの立場

立　場	現場主任

［設問 2］

⑴特に留意した技術的課題

（課題となる工事の概要）
この工事は、河川改修工事にともない行われるB 2.6×H 1.9 mの樋管工事である。

（課題とした理由）
県道○○線は、一日当たり1800台と交通量の多い道路である。また、県道○○線周辺は、住宅地帯となっていて、工事現場の近くには小学校があった。

（課題のテーマ）
そのため、工事現場周辺の環境を保全することを課題とした。

⑵技術的課題を解決するために検討した項目と検討理由及び検討内容

工事現場周辺の環境を保全する対策を次のように検討した。 — 前書き

①掘削時に使用したバックホウ0.6 m^{3}と、埋め戻し転圧に使用したブルドーザ３ｔを低騒音型とした。
②現場が広範囲にわたって、順次行われていたため、現場条件より動力源は発動発電機に限られていた。よって、防音型の発電機を使用した。 — 課題の具体的な内容（課題の詳細事項）

③通学時間帯を避けて工事を行い、夜間作業もなくし、周辺の環境保全を行った。 — 課題の解決方法

⑶上記検討の結果，現場で実施した対応処置とその評価

検討の結果、以下のことを実施した。 — 前書き

バックホウによる掘削は、通学時間帯にあたる午前７時から８時までの間を避け、昼間を中心に作業を行った。コンクリートの締め固め等には、防音型の発動発電機を使用した。 — 課題解決をいかに現場で実施したか

また、夜間作業をなくすことにより、周辺住民からの苦情もなく、環境保全を行えた。
評価としては、通勤・通学時間等の制限に注意して行ったことがあげられる。 — 対応処置と結果 成果の評価

経験記述文章例文 No.29 【河川工事】

設問課題	管理・計画的課題	施工計画
（両課題に対応）	工事・工種的課題	河川護岸工
キーワード	コンクリートのひび割れ防止	

［設問 1］

⑴ 工事名

工事名	○○川整備工事

⑵ 工事の内容

①	発注者名	静岡県○○土木事務所
②	工事場所	静岡県袋井市○○地先
③	工期	令和○○年10月22日～令和○○年3月31日
④	主な工種	防潮堤護岸工
⑤	施工量	防潮堤H＝2.3 m L＝120 m

⑶ 工事現場における施工管理上のあなたの立場

立場	現場主任

［設問 2］

⑴特に留意した技術的課題

本工事は、○○川改修に伴い防潮堤を現場打ちコンクリートで施工する工事である。 ｝課題となる工事の概要

下流で実施している防潮堤の施工実績等から、施工後コンクリート表面にひび割れが目立ち、事後対策で補修を行っている報告があった。 ｝課題とした理由

本地区においてもひび割れの発生を防止する施工計画の立案を課題とした。 ｝課題のテーマ

⑵技術的課題を解決するために検討した項目と検討理由及び検討内容

ひび割れ発生を防止する施工計画について次のような検討を行った。	前書き
ひび割れの発生原因は、壁厚が90 cmと厚いことから、マスコンクリートの影響が出たものと考えられた。	課題の具体的な内容（課題の詳細事項）
よって、マスコンクリート対策として、①セメントの種類を中庸熱ポルトランドセメントを用いた。②先に打設したコンクリートとの打設間隔を短くした。③1回の打設時間をなるべく長く一気に打ち込まないようにすることにより、マスコンクリートの影響を少なくする施工計画を立案した。	課題の解決方法

⑶上記検討の結果，現場で実施した対応処置とその評価

検討の結果、以下の施工計画を実施した。	前書き
マスコンクリートの影響を少なくするために、中庸熱ポルトランドセメントを使用し、打ち込み温度を抑えた。底版、パラペット部の打設は、延長を9 mとしてひび割れ誘発目地を設置し、外気温との差が大きくならないようシートで保温し、確実に施工を行った。	課題解決をいかに現場で実施したか
ひび割れの発生原因を特定できたことで、技術的課題の目的を達成することができた。	対応処置と結果 成果の評価

経験記述 土工 コンクリート 品質管理 安全管理 施工計画 環境保全対策等

経験記述文章例文　No.30　【河川工事】

設問課題（両課題に対応）	管理・計画的課題	施工計画
	工事・工種的課題	河川護岸工
キーワード	大型土のう仮締め切りの設置方法	

[設問 1]

(1) 工事名

工事名	○○川護岸整備工事

(2) 工事の内容

①	発注者名	埼玉県○○県土整備事務所
②	工事場所	埼玉県東松山市○○地先
③	工　期	令和○○年10月12日～令和○○年2月20日
④	主な工種	護岸工
⑤	施工量	ブロック積み護岸工　163 m^2 大型土のう締め切り　45 m

(3) 工事現場における施工管理上のあなたの立場

立　場	現場主任

[設問 2]

(1)特に留意した技術的課題

　この工事は、高さ5.80 mのブロック積み護岸を設置する河川の護岸工事である。 ｝課題となる工事の概要

　ブロック積み護岸を施工するにあたり、仮締め切りは大型土のうで設置することとしたが、宅地が近接しており、ラフタークレーンが現場 ｝課題とした理由

まで近づくことができなかった。よって仮締め切りを設置する施工計画を課題とした。 ｝課題のテーマ

⑵技術的課題を解決するために検討した項目と検討理由及び検討内容

宅地が近接している施工場所で、大型土のうを設置する方法の検討を行った。 ｝前書き（決まり文句）

大型土のうを直接設置する場所まで、ラフタークレーンは近づくことができないため、宅地に影響がない河川に近い場所でラフタークレーンを設置した。そこから、ラフタークレーンにより、河川内へ大型土のうを仮置きした。仮置きされた河川内の大型土のうは、クレーン機能付きのバックホウを選定し、河川内で大型 ｝課題の具体的な内容（課題の詳細事項）

土のうを吊って設置した。以上の機種選定と設置方法により仮締め切りの施工を行った。 ｝課題の解決方法

⑶ 上記検討の結果，現場で実施した対応処置とその評価

検討の結果、以下を実施した。 前書き（決まり文句）

25 t 吊りのラフタークレーンで、大型土のう 1 m^3 を 72 袋河川内に仮置きした。

クローラ型 2.9 t 吊りのクレーン機能付きのバックホウを河川内へ進入させ、仮置きした大型土のうを所定の位置へ設置し、仮締め切り工事を実施した。 ｝課題解決をいかに現場で実施したか

評価としては、ラフタークレーンの配置とバックホウの機種選定があげられる。 ｝対応処置と結果成果の評価

経験記述 1
土工 2
コンクリート 3
品質管理 4
安全管理 5
施工計画 6
環境保全対策等 7

経験記述文章例文 No.31 【河川工事】

設問課題（両課題に対応）	管理・計画的課題	工程管理
	工事・工種的課題	河川護岸工
キーワード	法面湧水処理と工期短縮	

［設問 1］

(1) 工事名

工事名	第○○号○○河川整備工事

(2) 工事の内容

①	発注者名	埼玉県○○土木事務所
②	工事場所	埼玉県○○市○○地先
③	工期	令和○○年10月11日〜令和○○年3月18日
④	主な工種	護岸工
⑤	施工量	積みブロック式護岸　法長200 m^2

(3) 工事現場における施工管理上のあなたの立場

立場	工事主任

［設問 2］

(1)特に留意した技術的課題

本工事は、法長3.5mの積みブロックを200m施工する護岸工事である。（課題となる工事の概要）

非出水期の工事で、大型土のうにより仮締め切りを行い基礎部の掘削を開始したところ、湧水が多く基礎部のコンクリートの施工が困難となった。（課題とした理由）

よって、仮排水処理対策を加えた工程管理を課題とした。（課題のテーマ）

⑵技術的課題を解決するために検討した項目と検討理由及び検討内容

湧水の処理方法を検討し、工期の遅れを生じさせないようにした。 ｝前書き

盛土による仮締め切り内には、φ150 mmの水中ポンプ３台を設置して掘削を行ったが、法面からの湧水が多く、法面の一部に崩壊が生じた。そこで、仮設盛土法尻に土のうを積み、押え盛土の効果により、法面の補強と湧水対策を行った。また、残工事を整理し、工程計画を修正するために、再度ネットワークを作 ｝課題の具体的な内容（課題の詳細事項）

成した。その修正工程により、重点的に管理が必要な作業を把握し、工程を確保した。 ｝課題の解決方法

⑶上記検討の結果，現場で実施した対応処置とその評価

検討の結果、以下のことを実施した。 前書き

修正工程により、重点的に管理が必要となった基礎コンクリート工、法面整形工、護岸ブロック工については、作業員を増員して施工した。また、資材納入の調整も併せて行った。その結果、作業日数の短縮を行い、工期を確保した。 ｝課題解決をいかに現場で実施したか

評価としては、作業員を増員する工種を的確に示すことができた点があげられる。 ｝対応処置と結果成果の評価

経験記述文章例文 No.32 【道路工事】

設問課題 （両課題に対応）	管理・計画的課題	施工計画
	工事・工種的課題	舗装工
キーワード	舗装改良工事の工期短縮	

[設問 1]

(1) 工事名

工事名	県道〇−2号線道路改良工事

(2) 工事の内容

①	発注者名	広島県〇〇地域事務所
②	工事場所	広島県呉市〇〇町地先
③	工期	令和〇〇年5月23日〜令和〇〇年9月13日
④	主な工種	舗装工
⑤	施工量	施工延長620 m 路盤 24000 m^2

(3) 工事現場における施工管理上のあなたの立場

立場	現場監督

[設問 2]

(1)特に留意した技術的課題

本工事は、県道〇号線道路改良工事として実施する老朽化した表層の打換え工事である。（課題となる工事の概要）

工事着工後の6月中旬から天候不順が続き、降雨により作業中止せざるを得ない日が増加していた。7月上旬の時点で180 m程度の区間の打換え工事が終了し、まだ約7割を残している状（課題とした理由）

況のため工期短縮を図る施工計画を課題とした。（課題のテーマ）

⑵技術的課題を解決するために検討した項目と検討理由及び検討内容

県道〇号線の舗装改修工事の工期を確保するために次のような施工計画を立案した。

前書き

舗装の取り壊し作業班は1班4人であったが、8人増員し1班6人編成の2班12人として1日当たりの作業量を増やすことを提案した。また、施工区間を分割し同時施工が可能なようにした。

舗装班が撤去の進捗に合わせて2区間で既設路盤を掘削し、下層路盤t=340 mmクラッシャーラン40、上層路盤t=180 mm粒度調整砕石30を同時施工とした。

課題の具体的な内容
（課題の詳細事項）

以上、撤去増班と路盤施工を連続施工とすることで工期の短縮を図る施工計画を立案した。

課題の解決方法

⑶上記検討の結果，現場で実施した対応処置とその評価

現場において、次のことを実施した。

前書き

作業班の再検討を行い、舗装撤去を2班に増員し、終点側と2/3地点を各班同時施工とすることで10日の工期短縮ができた。

課題解決をいかに現場で実施したか

現況路盤の掘削から、路盤工、基層、表層の施工を連続で行い、作業効率を上げることによって、工期を短縮することができた。

評価としては、施工区間を2分割し同時施工を可能にしたことがあげられる。

対応処置と結果
成果の評価

経験記述文章例文 No.33 【道路工事】

設問課題（両課題に対応）	管理・計画的課題	品質管理
	工事・工種的課題	舗装工
キーワード	アスファルト合材の品質管理	

［設問 1］

(1) 工事名

工事名	県道○−2号線道路改良工事

(2) 工事の内容

①	発注者名	広島県○○建設事務所
②	工事場所	広島県大竹市○○町地先
③	工　期	令和○○年12月10日〜令和○○年2月22日
④	主な工種	舗装工
⑤	施工量	施工延長520 m 表層 2600 m^2 路盤 3620 m^2

(3) 工事現場における施工管理上のあなたの立場

立　場	現場監督

［設問 2］

(1)特に留意した技術的課題

本工事は、道路改良として下層路盤工25cm、上層路盤工15cm、表層工は密度アスコン5cmを施工するものであった。

課題となる工事の概要

工事は12月からの冬季施工で、現場はプラントから35kmの距離にありアスファルト合材温度の低下と転圧不良による舗装品質の低下が懸念された。

課題とした理由と課題のテーマ

⑵技術的課題を解決するために検討した項目と検討理由及び検討内容

合材の温度低下による舗装品質の低下を防止するために、以下の検討を行った。 — 前書き

①本地区の冬季平均気温は5度であり、長距離運搬中に合材温度が低下することを防止する対策を検討した。
②合材運搬時のダンプトラックの保温対策をプラントと協議した。
③到着時の温度管理の方法を社内で話し合い、測定計画を作成した。 — 課題の具体的な内容（課題の詳細事項）

以上の検討の結果、合材の品質管理の方法を計画した。 — 課題の解決方法

⑶上記検討の結果，現場で実施した対応処置とその評価

検討の結果、以下の合材温度の品質管理を行った。 — 前書き

①合材の出荷温度を25度アップした。
②ダンプトラックのシートを二重にして保温対策を行った。
③全車の到着時の合材温度を測定し管理した。 — 課題解決をいかに現場で実施したか

以上、転圧温度を満足し、品質確保できた。
工事の結果、合材の温度管理の徹底により、良好な転圧を行い、良質な舗装で施工できた。 — 対応処置と結果 成果の評価

経験記述文章例文 No.34 【道路工事】

設問課題（両課題に対応）	管理・計画的課題	品質管理
	工事・工種的課題	舗装工
キーワード	暑中における路盤工の密度管理	

[設問 1]

(1) 工事名

工事名	県道○−1号線道路改良工事

(2) 工事の内容

①	発注者名	広島県○○建設事務所
②	工事場所	広島県大竹市○○町地先
③	工期	令和○○年7月10日〜令和○○年9月30日
④	主な工種	舗装工
⑤	施工量	施工延長289 m 表層 1950 m^2 路盤 2058 m^2

(3) 工事現場における施工管理上のあなたの立場

立場	現場監督

[設問 2]

(1)特に留意した技術的課題

本工事は、道路改良工事で、下層路盤工(40−0、t＝28 cm)、上層路盤工（M30−0、t＝15 cm)、表層工（密粒度アスコンt＝8 cm）を施工するものであった。

（課題となる工事の概要）

施工時期が7月からの夏期で降水量が少なかったため、路盤材が乾燥し、現場密度を最大乾燥密度の93%以上確保が課題となった。

（課題とした理由と課題のテーマ）

⑵技術的課題を解決するために検討した項目と検討理由及び検討内容

暑中の路盤工の品質管理基準である現場密度試験93%以上を確保するため、以下の検討を行った。
（前書き）

(1) 給水をする場所は現場から約3kmの距離があるため、散水の方法（給水方法、使用機械）
(2) 路盤材の含水比管理方法
(3) 締固め方法
(4) たわみ試験方法
（課題の具体的な内容（課題の詳細事項））

以上の検討を行い、現場密度を最大乾燥密度の93%以上確保する計画を策定した。
（課題の解決方法）

⑶上記検討の結果，現場で実施した対応処置とその評価

給水の効率化をはかるため2台の散水車を使用した。含水比の管理は試験施工を行い、散水量を決定した。また、締固め方法は路盤の外側から内側へ転圧した。たわみはベンゲルマンビーム試験を実施した。その結果、現場密度試験は95%以上、沈下量は1.8mmを確保でき、舗装の仕上がりも良く完成できた。
（課題解決をいかに現場で実施したか）

評価できる点としては、試験施工により含水比の管理を行い、品質を確保したことである。
（対応処置と結果成果の評価）

※本例文は記述例文No.35と同じ工事で，施工計画を品質管理に書き換えたものである。試験で予想と違う課題が出題された場合の参考例である。

経験記述文章例文 **No.35** 【道路工事】

設問課題 （両課題に対応）	管理・計画的課題	施工計画
	工事・工種的課題	舗装工
キーワード	路床施工時の湧水対策	

［設問 1］

⑴ 工事名

工事名	県道〇－1号線道路改良工事

⑵ 工事の内容

①	発注者名	広島県〇〇建設事務所
②	工事場所	広島県大竹市〇〇町地先
③	工期	令和〇〇年7月10日～令和〇〇年9月30日
④	主な工種	舗装工
⑤	施工量	施工延長289 m 表層 1950 m^2 路盤 2058 m^2

⑶ 工事現場における施工管理上のあなたの立場

立場	現場監督

［設問 2］

⑴特に留意した技術的課題

本工事は、道路改良工事で、下層路盤工（40－0、t＝28 cm）、上層路盤工（M30－0、t＝15 cm）、表層工（密粒度アスコン t＝8 cm）を施工するものであった。

→ 課題となる工事の概要

施工箇所の一部区間は水田地帯で、先行していた工区で湧水もあり、路床の軟弱化を防止する施工計画が課題となった。

→ 課題とした理由と課題のテーマ

⑵技術的課題を解決するために検討した項目と検討理由及び検討内容

湧水による路床の軟弱化を防止するために、湧水のある場所を試掘し、状況を把握し、以下の検討を行った。（前書き）

(1) 湧水が多く、地盤が軟弱化している箇所の水を排水処理する方法を発注者と協議して施工方法を決定

(2) 湧水が比較的少ない部分の排水対策を(1)と分けて対策を検討

(3) 排水対策部分の路盤工の締固め方法

（課題の具体的な内容（課題の詳細事項））

以上の検討を行って、路床の軟弱化防止対策を計画した。（課題の解決方法）

⑶上記検討の結果，現場で実施した対応処置とその評価

検討の結果、以下の対策を行った。（前書き）

湧水が多い箇所は掘削して塩ビ有孔管φ150を布設し、砕石で埋め戻し暗渠を設置した。湧水の少ない箇所は砕石で置き換えた。

暗渠管布設部分は表層施工まで鉄板養生を行い、その結果、舗装完了後はひび割れも発生せず路床の軟弱化を防止できた。

（課題解決をいかに現場で実施したか）

湧水の影響具合を分けて対策を講じたことから、工期的にも余裕をもって工事ができた。（対応処置と結果成果の評価）

※本例文は記述例文 No.34 と同じ工事で，品質管理を施工計画に書き換えたものである。試験で予想と違う課題が出題された場合の参考例である。

経験記述文章例文　No.36　【下水道工事】

設問課題（両課題に対応）	管理・計画的課題	施工計画
	工事・工種的課題	管路工（管布設）
キーワード	狭小部での施工計画	

[設問 1]

(1) 工事名

工 事 名	○○幹線○○水路　管布設工事

(2) 工事の内容

①	発注者名	神奈川県○○市
②	工事場所	神奈川県○○市○○町地内
③	工　期	令和○○年6月21日～令和○○年1月20日
④	主な工種	塩ビ管布設工
⑤	施 工 量	塩ビ管φ250　L=635 m 1号人孔布設10箇所

(3) 工事現場における施工管理上のあなたの立場

立　場	現場代理人

[設問 2]

(1)特に留意した技術的課題

本工事は、市街地の町道に開削工法で汚水管を布設する工事である。（課題となる工事の概要）

工事範囲は全体的に道幅が狭かったので土工事で2tダンプトラックを使用した。しかし、一部の区間で道路幅が1.9mと非常に狭く、バックホウなどの建設機械が使用できないため、（課題とした理由）狭小部の施工計画が課題となった。（課題のテーマ）

⑵技術的課題を解決するために検討した項目と検討理由及び検討内容

狭小な施工スペースで塩ビ管を布設するため、以下の施工方法の検討を行った。

前書き

①大型の機械を使用しない人力掘削の方法
②ダンプトラックが進入できる場所までの土砂の運搬方法
③1号人孔より規模が小さいものの採用

課題の具体的な内容
（課題の詳細事項）

以上、重機を使用しないプレキャスト人孔の設置方法等について、発注者と協議を行い、道路幅1.9 mの狭小部における塩ビ管の布設、人孔をプレキャストに変更した施工計画を立案し、工事を実施した。

課題の解決方法

⑶上記検討の結果，現場で実施した対応処置とその評価

狭小部での施工計画を立案し工事を行った。

前書き

アスファルト舗装版は削岩機で粉砕し、掘削積み込みを人力で行い、ベルトコンベアを連結し、残土運搬を行った。

人孔には角型の特殊人孔を採用し、人孔設置後管路の人力掘削を行い、塩ビ管の布設を行った。

課題解決をいかに現場で実施したか

施工スパンを10 mと短くすることで狭小部での施工が可能となった。現地に合った施工方法を検討、採用できたことが評価できる。

対応処置と結果
成果の評価

経験記述文章例文 No.37 【農業土木工事】

設問課題 （両課題に対応） キーワード	管理・計画的課題	品質管理
	工事・工種的課題	管路工（推進工）
	管路推進工工事の精度管理	

[設問 1]

⑴ 工事名

工事名	○○地区用水路その2工事

⑵ 工事の内容

①	発注者名	群馬県前橋市
②	工事場所	群馬県前橋市○○町
③	工　期	令和○○年8月28日～令和○○年3月28日
④	主な工種	用水管路工（推進工）
⑤	施工量	管路推進工φ1200 mm、L=460 m 立坑 H=6.5 m、2箇所

⑶ 工事現場における施工管理上のあなたの立場

立　場	現場主任

[設問 2]

⑴特に留意した技術的課題

本工事は、一部JR横断を推進工で実施する管路工事である。

（課題となる工事の概要）

農業用水路の工事は、農業用水が使用されない、9月から3月の期間内に完了させなければならない工事であることから、工事を所

（課題とした理由）

定の工期内に正確に施工できるように、推進管工事の精度の品質管理を課題とした。

（課題のテーマ）

⑵技術的課題を解決するために検討した項目と検討理由及び検討内容

推進工事の推進管の精度を確保するために、次のような検討を行った。	前書き
推進工事による管路布設工事は、立坑2箇所を設置する1スパン、全延長460 m である。推進工事において、推進管の施工精度の確保を適切に管理することは、工事全体の工程に大きく影響する。よって、本工事での推進管の許容値を下記に設定した。	課題の具体的な内容（課題の詳細事項）
①自主管理値・±30 mm 以内・継続、実施 ②許容管理値・±50 mm 以内・中止、対策 以上により、推進管精度の品質を確保した。	課題の解決方法

⑶上記検討の結果，現場で実施した対応処置とその評価

検討の結果、下記事項を実施した。	前書き
推進管路の上下左右の測定は、推進中はレーザーで常時監視し、かつ1本（4 m）毎に測定を行った。許容値の自主管理値、許容管理値は、朝夕2回以上、全作業員に周知徹底を図った。	課題解決をいかに現場で実施したか
測定値と許容値における作業判断により、±15 mm 以内の精度を確保した。 工事の結果、推進管の施工精度を確保することにより、予定工期内で施工できた。	対応処置と結果 成果の評価

経験記述　土工　コンクリート　品質管理　安全管理　施工計画　環境保全対策等

経験記述文章例文 No.38 【農業土木工事】

設問課題（両課題に対応）	管理・計画的課題	施工計画
	工事・工種的課題	管路工（推進工）
キーワード	立坑工事における埋設管保護の施工計画	

［設問 1］

⑴ 工事名

工事名	パイプライン移設工事

⑵ 工事の内容

①	発注者名	千葉県〇〇農林事務所
②	工事場所	千葉県〇〇市〇〇町〇丁目〇番
③	工期	令和〇〇年10月23日～令和〇〇年8月15日
④	主な工種	用水管路工
⑤	施工量	管路推進工φ1000 mm、L=426 m

⑶ 工事現場における施工管理上のあなたの立場

立場	現場主任

［設問 2］

⑴特に留意した技術的課題

本工事は県道横断部の管路工事で、埋設物等で開削できないことから推進工で実施した。（課題となる工事の概要）

推進工事の施工位置には、φ50 mmのガス管、水道管φ100 mmが埋設されており、立坑施工時に破損させると大きな事故につながる可能性があった。（課題とした理由）

よって、ガス管を保護することをふまえた施工計画を課題とした。（課題のテーマ）

⑵技術的課題を解決するために検討した項目と検討理由及び検討内容

施工時の施工計画について次のような検討を行った。

前書き（決まり文句）

既存のガス管を切りまわすと、所定の工期内で工事を終わらせるのは非常に困難であり、立坑の位置を変えることもできなかった。よって、埋設管の保護、沈下量の管理を適正に行い、工事に反映させる施工計画に留意した。

課題の具体的な内容（課題の詳細事項）

沈下量10 mmの場合、継続の判断を行い、沈下量15 mmの場合、対策を検討し作業を継続させる。さらに20 mmの沈下量で作業を中止させる施工計画を立案した。

課題の解決方法

⑶上記検討の結果，現場で実施した対応処置とその評価

検討の結果、下記事項を実施した。

前書き（決まり文句）

ガス管の保護は吊保護によることで安全を確保した。沈下量の計測は、掘削中は毎日１回、掘削以降は１週間に１回程度の頻度で実施し、沈下量の管理を行った。

課題解決をいかに現場で実施したか

埋め戻しには流動化処理を行うこともあり、沈下量を10 mm以内におさえ施工した。

工事の結果、沈下を最小限におさえたおかげで、ガス管への影響もなく安全に施工できた。

対応処置と結果
成果の評価

経験記述文章例文 No.39 【上水道工事】

設問課題 （両課題に対応） キーワード	管理・計画的課題	品質管理
	工事・工種的課題	管路工（管布設）
	管接手部の漏水対策	

［設問 1］

(1) 工事名

工 事 名	○○幹線○○水路 管布設工事

(2) 工事の内容

①	発注者名	千葉県○○市
②	工事場所	千葉県○○市○○町地内
③	工 期	令和○○年10月11日～令和○○年2月20日
④	主な工種	ダクタイル管布設工
⑤	施 工 量	ダクタイル管φ350

(3) 工事現場における施工管理上のあなたの立場

立 場	現場代理人

［設問 2］

(1)特に留意した技術的課題

本工事は、市街地の町道に開削工法で上水道管をダクタイル鋳鉄管で改修する工事である。（課題となる工事の概要）

工事現場の周辺で行った同発注者の配管工事において、接手箇所からの漏水が多く発生したことから、（課題とした理由）現場でダクタイル鋳鉄管の接手部からの漏水を防止する方法について対策を講じることが品質管理の技術的課題となった。（課題のテーマ）

⑵技術的課題を解決するために検討した項目と検討理由及び検討内容

接手部からの漏水を防止する原因の調査、その対策について以下の検討を行った。

前書き

漏水が発生した原因の多くは、ボルト・ナットの締め付け不良によるものであった。

なぜ締め付け不良が発生するのか、発注者の工事実績等から調査した結果は下記である。

①接手部の清掃不良によるもの

②締め付け手順の不徹底

課題の具体的な内容
（課題の詳細事項）

以上について、接手部の清掃を徹底し、締め付け手順を現場で確認しチェックシートにして報告することで漏水防止を実施した。

課題の解決方法

⑶上記検討の結果，現場で実施した対応処置とその評価

現場では、下記事項を実施した。

前書き

清掃不良を防ぐために、接手部には施工時泥などの汚れが付着しないように保護し、汚れが付着した場合は水洗いしてからふき取った。

接手部のボルト・ナットの締め付けは、片締めしないように注意し、トルクレンチで所定の締め付けを行うことにより、接手部の接続不良を防止した。評価としては、発注者の協力により過去の事例も調査できたことである。

課題解決をいかに現場で実施したか

対応処置と結果
成果の評価

経験記述文章例文 **No.40** 【下水道工事】

設問課題（両課題に対応）	管理・計画的課題	施工計画
	工事・工種的課題	管路工（管布設）
キーワード	水路下の横断管の施工	

[設問 1]

⑴ 工事名

工 事 名	○○幹線○○水路 管布設工事

⑵ 工事の内容

①	発注者名	神奈川県○○市
②	工事場所	神奈川県○○市○○町地内
③	工 期	令和○○年6月21日～令和○○年1月20日
④	主な工種	塩ビ管布設工
⑤	施 工 量	塩ビ管φ150

⑶ 工事現場における施工管理上のあなたの立場

立 場	現場代理人

[設問 2]

⑴特に留意した技術的課題

本工事は、市街地の町道に開削工法で汚水管を布設する工事である。（課題となる工事の概要）

工事範囲は全体的に道幅が狭く、また施工区間に農業用排水路が横断しており、その横断部の工事が困難であることが予想された。（課題とした理由）

施工スペースが狭く、農業用排水路下、横断部の施工計画立案が課題となった。（課題のテーマ）

⑵技術的課題を解決するために検討した項目と検討理由及び検討内容

狭小な施工スペースで横断管を布設するため、以下の施工方法の検討を行った。 前書き

排水路に排水を流しながらその下に塩ビ管を横断させる方法について、施工事例も踏まえ工法資料を収集し適切な工法を選定した。

周辺道路の埋設物を調査し、施工時に障害となる水道管の敷設状況を試掘で確認した。

現場を入念に調査した結果もふまえ、小口径推進機を選定した。

課題の具体的な内容（課題の詳細事項）

以上の調査、工法の設定をもとに発注者との協議を行い、施工計画を立案した。 課題の解決方法

⑶上記検討の結果，現場で実施した対応処置とその評価

下記の施工計画を作成し、工事を実施した。 前書き

排水路を横断する民地側を人力で掘削し、小口径推進工用の立坑を築造した。

築造した立坑から排水路に向かって小口径推進機により排水路下0.5 mの深度で水路下を貫通させ、横断部の施工を実施できた。

課題解決をいかに現場で実施したか

以上の施工により狭小な施工ヤードで水路下を横断させることができ、現場条件に合った工法を選定できたことが評価できる。

対応処置と結果
成果の評価

経験記述文章例文 No.41 【補修・補強工事】

設問課題（両課題に対応）	管理・計画的課題	安全管理
	工事・工種的課題	耐震補強工
キーワード	改良機械の安全対策	

[設問 1]

(1) 工事名

工事名	○○川河川改修工事

(2) 工事の内容

①	発注者名	埼玉県○○土木事務所
②	工事場所	埼玉県加須市○○町○丁目○番
③	工期	令和○○年10月26日～令和○○年3月18日
④	主な工種	地盤改良工
⑤	施工量	機械撹拌工法2700 m^3

(3) 工事現場における施工管理上のあなたの立場

立場	現場監督

[設問 2]

(1)特に留意した技術的課題

本工事は、○○河川改修工事に伴う調整池堤体の耐震補強を行うものである。 ｝課題となる工事の概要

調整池の周辺は、宅地や借地ができない農地があり、堤防下の管理用スペースも狭く、地盤の悪い池内で堤体基礎を改良することから、安全に改良機械で施工できることを課題とした。 ｝課題とした理由と課題のテーマ

⑵技術的課題を解決するために検討した項目と検討理由及び検討内容

調整池内の改良工事は、堆積土が非常に軟弱で、トレンチャー式撹拌機のトラフィカビリティーを確保するために次の検討を行った。

前書き

トレンチャー式撹拌機が作業を行う範囲の調整池底の軟弱な堆積土砂を湿地ブルドーザで掘削した。堤体築堤材を一部流用し、排除した池底を埋め戻したうえで、作業範囲に敷き鉄板を配置した。

課題の具体的な内容
（課題の詳細事項）

築堤材による置き換え厚さは、堆積土を排除できる厚さとして平均60cmとし、安全に改良機械が施工できる地盤を確保した。

課題の解決方法

⑶上記検討の結果，現場で実施した対応処置とその評価

現場では下記のとおり実施した。

前書き

湿地ブルドーザで平均60cmの堆積土砂を堤体から池内方向へ押土を行い、堤体側から良質土を搬入して池内の基礎を置き換えた。敷き鉄板を配置しながら堤防沿いに改良機械の施工範囲を拡大させ、安全な基礎地盤を確保し、堤体基礎の改良を行った。

課題解決をいかに現場で実施したか

対応処置の結果、改良機械を安全に走行させ、耐震補強を行うことができた。

対応処置と結果
成果の評価

※本例文は記述例文No.43と同じ工事で，出来形管理を安全管理に書き換えたものである。試験で予想と違う課題が出題された場合の参考例である。

経験記述文章例文 No.42 【補修・補強工事】

設問課題（両課題に対応）	管理・計画的課題	施工計画
	工事・工種的課題	耐震補強工
キーワード	堤防の耐震補強対策工法の選定	

［設問 1］

(1) 工事名

工 事 名	○○川災害復旧工事

(2) 工事の内容

①	発注者名	千葉県○○土木事務所
②	工事場所	千葉県茂原市○○町○丁目○番
③	工　　期	令和○○年11月10日～令和○○年3月30日
④	主な工種	地盤改良工
⑤	施 工 量	高圧噴射攪拌工法 1600 m^3

(3) 工事現場における施工管理上のあなたの立場

立　　場	現場監督

［設問 2］

(1)特に留意した技術的課題

本工事は、○○川災害復旧工事に伴う河川堤防の耐震補強を行うものである。（課題となる工事の概要）

施工箇所の周辺は、宅地や借地ができない農地があり、堤防下の管理用スペースも狭く、大型の施工機械が搬入できない。よって、狭いスペースで施工する、小型施工機械を用いた施工が本工事の課題となった。（課題とした理由と課題のテーマ）

⑵技術的課題を解決するために検討した項目と検討理由及び検討内容

小型施工機械を用いた地盤改良工法を選定するために以下の検討を行った。 ―― 前書き

対策工法の選定には、軟弱な粘性土地盤に対し確実に改良効果を発揮できる工法であり、施工幅2.8 mで施工可能な小型施工機械が必要である。また、最大深度7.0 mの施工などを満足する工法を選定することに留意した。 ―― 課題の具体的な内容（課題の詳細事項）

施工深度を満足する深層混合改良工法のうち、機械撹拌工法は比較的施工機械が大型となり、ボーリングマシン程度の小型の機械を用いて施工する高圧噴射撹拌工法を採用した。 ―― 課題の解決方法

⑶上記検討の結果，現場で実施した対応処置とその評価

検討の結果、次の対応処置を実施した。 ―― 前書き

道路幅2.8 mの左岸側にレールを設置し、小型改良機を配置した。上流側から所定の深度まで削孔し、スラリー状の固化材を高圧で噴射しつつ引き上げて円柱状の改良体を築造した。

道路上から3列の改良体を築造することにより、堤体の基礎地盤を補強した。 ―― 課題解決をいかに現場で実施したか

対応処置の結果、小型機械で狭小なスペースを施工し、耐震補強を行うことができた。 ―― 対応処置と結果成果の評価

経験記述文章例文 No.43 【補修・補強工事】

設問課題（両課題に対応）	管理・計画的課題	出来形管理
	工事・工種的課題	耐震補強工
キーワード	改良深度の出来形管理	

[設問 1]

(1) 工事名

工 事 名	○○ 河川改修工事

(2) 工事の内容

①	発注者名	埼玉県 ○○ 土木事務所
②	工事場所	埼玉県加須市 ○○ 町 ○ 丁目 ○ 番
③	工　　期	令和○○年10月26日～令和○○年3月18日
④	主な工種	地盤改良工
⑤	施 工 量	機械撹拌工法 2700 m³

(3) 工事現場における施工管理上のあなたの立場

立　　場	現場監督

[設問 2]

(1)特に留意した技術的課題

本工事は、○○ 河川改修工事に伴う調整池堤体の耐震補強を行うものである。（課題となる工事の概要）

調整池の周辺は、宅地や借地ができない農地があり、堤防下の管理用スペースも狭く、地盤の悪い池内で堤体基礎を改良することになるので、（課題とした理由）

確実に所定の深度 4.0 m を改良する管理方法を課題とした。（課題のテーマ）

⑵技術的課題を解決するために検討した項目と検討理由及び検討内容

調整池内の改良工事で、施工用地が広いことから、トレンチャー式撹拌機による地盤改良工法を選定し、次のように検討した。　前書き

改良深度の管理は、トレンチャーの基準高を設定し、レベルセンサーとレベル計を用いてトレンチャーの高さを一定に保つようにした。
トレンチャー先端から、改良深度4.0 mにレベル計設置高0.8 mを加えた4.8 m位置にレベルセンサーを取り付けた。　課題の具体的な内容（課題の詳細事項）

トレンチャーが所定の深さに達したとき、レベルセンサーの反応を確認することで改良深度を管理した。　課題の解決方法

⑶上記検討の結果，現場で実施した対応処置とその評価

現場では下記のとおり実施した。　前書き

レベル計の機械高を測量し、トレンチャーに取り付けるレベルセンサーの位置を決めた。
トレンチャーが改良深度4.0 mに達したら、レベルセンサーが反応する。これをオペレータが確認し、施工を行うことで所定の改良深度を確保し堤体の基礎地盤を補強した。
評価としては、計測機器を採用することにより改良深度の精度を上げたことである。　対応処置と結果　成果の評価

※本例文は記述例文No.41と同じ工事で，安全管理を出来形管理に書き換えたものである。試験で予想と違う課題が出題された場合の参考例である。

経験記述文章例文 No.44 【河川工事】

設問課題 （両課題に対応）	管理・計画的課題	安全管理
	工事・工種的課題	仮設工（土留め）
キーワード	ボイリング防止対策工法	

［設問 1］

(1) 工事名

工事名	幹線〇〇号水路その〇工事

(2) 工事の内容

①	発注者名	神奈川県横浜市建設局
②	工事場所	神奈川県横浜市〇〇区〇〇町地内
③	工期	令和〇〇年5月21日～令和〇〇年2月10日
④	主な工種	山留め工
⑤	施工量	鋼矢板Ⅲ型L＝8.5 m 打設枚数62枚

(3) 工事現場における施工管理上のあなたの立場

立場	現場監督

［設問 2］

(1)特に留意した技術的課題

本工事は、幹線〇〇号水路工事で、県道〇号線下に設置するボックスカルバート工事の山留工である。 ［課題となる工事の概要］

施工場所が〇〇川の近距離にあり河川水の影響を受けることなどから、矢板に対する ［課題とした理由］

地下水位の設定と、ボイリングを防止することを安全管理の課題とした。 ［課題のテーマ］

⑵技術的課題を解決するために検討した項目と検討理由及び検討内容

夏期に土質調査が行われており、施工時期の地下水位が不明なため次の検討をした。 ― 前書き

河川水位3.4 mに対して調査結果地下水位が1.6 mであった。そのため、施工時には河川水の影響を受けると判断して3.4 mを地下水位に設定した。 ― 課題の具体的な内容（課題の詳細事項）

・砂地盤であることからボイリングのチェックを行い、必要根入長を4.5 mとした。
・矢板をジェットで打ち込むことから、地盤が緩んでいると予想され、ウェルポイントで地下水を低下させ、ボイリングを防止した。 ― 課題の解決方法

⑶上記検討の結果，現場で実施した対応処置とその評価

ボイリングを防止するために次の対応処置を行った。 ― 前書き

根入れ長4.5 mをウォータージェットでN値40の砂層に打ち込み、ウェルポイントを1.5 mピッチ20本打ち込むことによって地下水を低下させボイリングを防止する山留め工を施工し、安全を確保した。 ― 課題解決をいかに現場で実施したか

対応処置の結果、地下水が上昇することもなく山留工を安定させ工事を完成させた。 ― 対応処置と結果成果の評価

経験記述文章例文 No.45 【河川工事】

設問課題 （両課題に対応） キーワード	管理・計画的課題	安全管理
	工事・工種的課題	仮設工（土留め）
	支保工撤去時の安全管理	

［設問 1］

⑴ 工事名

工事名	排水対策事業〇〇排水機場下部工工事

⑵ 工事の内容

①	発注者名	島根県 〇〇 市 〇〇 整備課
②	工事場所	島根県 〇〇 市 〇〇 地内
③	工　期	令和〇〇年9月30日～令和〇〇年3月30日
④	主な工種	鋼矢板による仮設土留め工
⑤	施工量	鋼矢板Ⅲ型L＝12 m、144 枚 切梁 H 350×350 腹起こしH350×350

⑶ 工事現場における施工管理上のあなたの立場

立　場	現場代理人

［設問 2］

⑴ **特に留意した技術的課題**

本工事は〇〇排水機場の下部工コンクリート工事である。（課題となる工事の概要）

鋼矢板により、掘削深さ平均4.6 mの土留めを行い、2段式切梁による支保工を設置した。1本当たり19.6 mの切梁を2段設置することから、（課題とした理由）危険の伴う撤去時の安全管理を課題とした。（課題のテーマ）

⑵技術的課題を解決するために検討した項目と検討理由及び検討内容

切梁、腹起こし等の支保工を撤去するときに次のことを安全管理として検討した。

前書きと課題の結果

①切梁中間継手の解体は、作業員の落下が考えられるため、常に2人体制で作業した。

②支保材の取り外しは、クレーンで吊ってから取り外すこととし、玉掛者には2本吊りを徹底させた。

③玉掛けの不備等で材料の落下による災害を防止するために、搬出する作業場所には立ち入り禁止処置としてバリケードを設置し、労働者の立ち入りを禁止した。

課題の具体的な内容と課題の解決方法

⑶上記検討の結果，現場で実施した対応処置とその評価

現場では以下のように行った。

前書き

支保工の解体作業を行う作業者には、安全帯を取付けさせ、ボルトが全て外された状態で作業をしないよう、周知を徹底した。

ワイヤーロープは必ず毎朝、立入り禁止処置としているバリケードについても常時点検し、支保工撤去時の安全管理を行った。

課題解決をいかに現場で実施したか

対応処置により、作業員の事故を発生させることなく工事を行えた点が評価できる。

対応処置と結果
成果の評価

経験記述文章例文 No.46 【下水道工事】

設問課題 （両課題に対応）	管理・計画的課題	安全管理
	工事・工種的課題	仮設工（土留め）
キーワード	土留め工の点検と安全管理	

［設問 1］

(1) 工事名

工事名	○○号線下水道移設工事

(2) 工事の内容

①	発注者名	千葉県木更津市
②	工事場所	千葉県木更津市○○町地内
③	工期	令和○○年6月15日～令和○○年3月25日
④	主な工種	仮設土留め工
⑤	施工量	鋼矢板Ⅲ型L＝7.5 m 打設枚数 188 枚

(3) 工事現場における施工管理上のあなたの立場

立場	現場主任

［設問 2］

(1)特に留意した技術的課題

本工事は、下水道φ800 mm管渠の改修に伴う鋼矢板による土留め工事である。 ｝課題となる工事の概要

施工区間の車線は住宅に近接しており、掘削時の土留め矢板の変形は、周辺構造物に与える影響が大きいと予想されたため、土留め ｝課題とした理由

壁の安全性を確認する点検手法、項目を安全管理の課題とした。 ｝課題のテーマ

⑵技術的課題を解決するために検討した項目と検討理由及び検討内容

本工事における土留め工の安全を確保するために次のような点検手法と点検項目の検討を行った。

前書きと課題の結果

①計器観測を補うための目視点検として、土留め壁の水平変位を下げ振りで、鉛直変位をトランシットで確認した。また、支保工のはらみ、局部的な変形の確認は水糸を張って行った。

②計器観測は、土留め壁の挿入式傾斜計と切梁に土圧計を設置した。土圧計の値と予測計算結果を比較して、土留め壁の挙動を把握することにより、工事の安全管理を行った。

課題の具体的な内容と課題の解決方法

⑶上記検討の結果，現場で実施した対応処置とその評価

仮設土留め壁の安全性を確認するために、現場での安全管理は次のように行った。

前書き

目視点検の頻度は毎日２回、仮設設備と周辺構造物について、工事開始時と終了時に行った。計器観測は矢板内の掘削を行っている間は毎日１回、躯体の施工中は週１回実施することによって、土留め壁の安全を確保した。

課題解決をいかに現場で実施したか

対応処置により、土留め壁の変位は周辺構造物へ影響を与えることなく施工できた。

対応処置と結果成果の評価

経験記述文章例文　No.47　【下水道工事】

設問課題 （両課題に対応）	管理・計画的課題	工程管理
	工事・工種的課題	仮設工（土留め）
キーワード	仮設土留めの工期短縮	

［設問 1］

(1) 工事名

工 事 名	○○号調整池改修その○工事

(2) 工事の内容

①	発注者名	山形県○○局○○部
②	工事場所	山形県○○市○○町地内
③	工　　期	令和○○年8月21日～令和○○年3月20日
④	主な工種	土留め工
⑤	施 工 量	鋼矢板Ⅱ型L＝9.0 m 打設枚数340枚

(3) 工事現場における施工管理上のあなたの立場

立　　場	現場監督

［設問 2］

(1) **特に留意した技術的課題**

本工事は、老朽化したコンクリート壁の調整池を撤去し改修する工事である。（課題となる工事の概要）

既設のコンクリート壁の撤去にあたり、土留め工として鋼矢板Ⅱ型を打込み、切梁、腹起しを２段設置するものである。（課題とした理由）

工程計画を検討したところ、掘削作業に時間がかかり、５日の工期短縮が課題となった。（課題のテーマ）

(2)技術的課題を解決するために検討した項目と検討理由及び検討内容

掘削、土留め工の作業方法を改善し、工程を短縮するために下記の検討を行った。

前書き

鋼矢板の打込み完了後の掘削について、支保工に偏土圧が作用しないブロック割りを検討した。

ブロック割りの各箇所で、並行作業はできるかどうか検討を行った。

掘削中に土留め支保工に作用する土圧、変形を観測する箇所を検討した。

以上の検討により、作業工程を５日以上短縮する工程計画を立てた。

課題の具体的な内容
（課題の詳細事項）

課題の解決方法

(3)上記検討の結果，現場で実施した対応処置とその評価

現場では以下のように行った。

前書き

分割したブロックの左右、中央の３ブロックのうち、中央ブロックの支保工を設置した後に左右ブロックの掘削を同時に開始した。このとき、中央部の土圧と支保工のひずみを測定、監視し、安全を確認してから左右の支保工を設置した。この並行作業を可能としたことから、工期を７日短縮することができた。工期短縮と安全の確保を同時に行ったことが評価できる。

課題解決をいかに現場で実施したか

対応処置と結果
成果の評価

経験記述文章例文　No.48　【河川工事】

設問課題 （両課題に対応）	管理・計画的課題	安全管理
	工事・工種的課題	仮設工（土留め）
キーワード	土留め支保工撤去時の安全管理	

［設問 1］

(1) 工事名

工 事 名	○○号道路付帯工工事

(2) 工事の内容

①	発注者名	滋賀県○○土木事務所
②	工事場所	滋賀県大津市○○町地内
③	工　　期	令和○○年11月8日～令和○○年3月20日
④	主な工種	仮設土留め工
⑤	施 工 量	鋼矢板Ⅱ型L＝12m、86枚 支保工一式

(3) 工事現場における施工管理上のあなたの立場

立　　場	現場監督

［設問 2］

(1)特に留意した技術的課題

この工事は、道路付帯工の現場打ちボックスカルバートで、掘削深さが5.6mと深いことから鋼矢板の土留めを採用した。（課題となる工事の概要）

仮設土留め2段の支保工を設置して掘削し、コンクリートを打設しながら撤去することから、（課題とした理由）コンクリート打ち継ぎ時の支保工の撤去を安全管理の課題とした。（課題のテーマ）

⑵技術的課題を解決するために検討した項目と検討理由及び検討内容

切梁り、腹起し等支保工を安全に撤去するために以下のように検討した。 ―― 前書き

最下段の支保工を撤去するとき、ボックスカルバートの底版と側壁の下端部を打設してから捨てばりを設置して埋め戻しを行い、鋼矢板の変形等がないことを確認しながら随時切梁を取り外すよう指示をした。 ―― 課題の具体的な内容（課題の詳細事項）

1段目の支保工撤去は、側壁2.8 mを打設し、埋め戻した後に盛替えばりを設置して鋼矢板のはらみ、変形がないことを確認して支保工の撤去を行う計画を実施した。 ―― 課題の解決方法

⑶上記検討の結果，現場で実施した対応処置とその評価

本工事において、2段の支保工を安全に撤去する計画を検討した結果、次の処置を行った。 ―― 前書き

最下段を撤去するとき、切梁間隔3.0 mと同じ位置に、太鼓落としを捨てばりとして設置した。

1段目の撤去には、コンクリート打設後に盛替えばりを設置して、埋め戻しと捨てばり設置を行い、支保工の撤去を実施した。 ―― 課題解決をいかに現場で実施したか

盛替えばりと捨てばりの適切な計画により、支保工を安全に撤去できたことが評価できる。 ―― 対応処置と結果成果の評価

経験記述文章例文 No.49 【河川工事】

設問課題（両課題に対応）	管理・計画的課題	施工計画
	工事・工種的課題	仮設工（土留め）
キーワード	土留め支保工の撤去方法	

[設問 1]

⑴ 工事名

工 事 名	幹線〇〇号道路改良工事

⑵ 工事の内容

①	発注者名	国土交通省〇〇地方整備局
②	工事場所	秋田県秋田市〇〇町地内
③	工　期	令和〇〇年9月22日～令和〇〇年7月11日
④	主な工種	仮設土留め工
⑤	施 工 量	鋼矢板Ⅲ型L＝8.5 m、122枚 切梁 1.8 t 腹起こし 4.2 t

⑶ 工事現場における施工管理上のあなたの立場

立　場	現場監督

[設問 2]

⑴特に留意した技術的課題

（課題となる工事の概要）
　この工事は、現場打ちボックスカルバートを施工するための仮設工事で、施工用地が狭小なため、鋼矢板による土留めを採用した。

（課題とした理由）
　仮設土留めの掘削深さが4.5 mであることから2段の支保工を設置して掘削した。この

（課題のテーマ）
ことから、コンクリート打ち継ぎと支保工の撤去を施工計画の課題とした。

⑵技術的課題を解決するために検討した項目と検討理由及び検討内容

コンクリートの打設計画と支保工の撤去時期について次のように検討した。	前書き
ボックスカルバートの底版と側壁高 0.6 m を打設、埋め戻しを行い２段目の支保工を撤去するとき、埋め戻しの土圧が少ないため、盛替えばりを設置することなく、捨てばりで支保を行った。	課題の具体的な内容（課題の詳細事項）
１段目の支保工撤去は、側壁高 2.8 m を打設し、埋め戻した後に撤去することから、盛替えばりにより本体構造物の安全を確保して支保工の撤去計画を実施した。	課題の解決方法

⑶上記検討の結果，現場で実施した対応処置とその評価

本工事において、２段の支保工を撤去する施工計画を検討した結果、次の処置を行った。	前書き
２段目撤去時に切梁間隔 3.0 m と同じ位置に、太鼓落としを捨てばりとして設置した。	課題解決をいかに現場で実施したか
１段目撤去時には、コンクリート打設後に盛替えばりを設置して、埋め戻しと捨てばり設置を行い、支保工の撤去を実施した。 評価は、盛替えばりと捨てばりを適切に計画したことで安全に支保工を撤去できたことである。	対応処置と結果 成果の評価

経験記述文章例文 No.50 【橋梁工事】

設問課題（両課題に対応）	管理・計画的課題	出来形管理
	工事・工種的課題	仮設工（土留め）
キーワード	低公害工法と補助工法による土留め矢板の施工	

[設問 1]

(1) 工事名

工事名	〇〇 地区橋梁下部工工事

(2) 工事の内容

①	発注者名	国土交通省 〇〇 地方整備局
②	工事場所	青森県青森市 〇〇 町地内
③	工期	令和〇〇年11月13日～令和〇〇年8月31日
④	主な工種	橋梁下部工、土留め工
⑤	施工量	鋼矢板Ⅲ型L＝12.5 m、202 枚

(3) 工事現場における施工管理上のあなたの立場

立場	現場監督

[設問 2]

(1)特に留意した技術的課題

この仮設工事は、鋼矢板Ⅲ型を用いた橋梁下部工の山留工事である。 ｝課題となる工事の概要

工事現場は周辺に宅地があり、騒音振動の防止を考慮して、鋼矢板は低公害工法を採用し圧入することになっていた。 ｝課題とした理由

しかし、ボーリング調査からN値が40の砂地盤層があるため、打設工法の適合性を課題にした。 ｝課題のテーマ

⑵技術的課題を解決するために検討した項目と検討理由及び検討内容

周辺に宅地があり、低公害工法として油圧式圧入機で鋼矢板を圧入するが、N値40の砂層に矢板を立て込み、土留め工を施工するために次の検討を行った。 ――前書き

油圧圧入機の施工可能N値は15程度であり、砂層N値40を圧入するのは不可能であった。よって補助工法を用いることとした。 ――課題の具体的な内容（課題の詳細事項）

補助工法には、アースオーガに比べ仮設備が小さいウォータージェットを併用することによって、砂層を抜いて鋼矢板12.5 mを圧入で確保することができた。 ――課題の解決方法

⑶上記検討の結果，現場で実施した対応処置とその評価

検討の結果、仮設鋼矢板12.5 mを圧入するために次の処置を行った。 ――前書き

油圧圧入機に補助工法として14.7 MPaのウォータージェットを用いた。ウォータージェットの使用は砂層を抜くまでの最低限度とした。以上によって周辺環境に配慮し、鋼矢板12.5 mの土留めを実施した。 ――課題解決をいかに現場で実施したか

評価としては、補助工法の選定を的確に行えたことで、周辺からの苦情もなく施工できた。 ――対応処置と結果成果の評価

MEMO

2級土木施工管理技術検定　第2次検定

2 土工

2級土木施工管理技術検定

第2次検定

2 土工

出題内容及び傾向と対策

年度	主な設問内容
令和4年	選択問題　問題6　土の原位置試験の結果と利用方法について適切な語句を記入する。
令和3年	必須問題　問題4　盛土の締固め作業及び締固め機械について適切な語句を記入する。
	選択問題　問題6　盛土の施工について適切な語句を記入する。
令和2年	必須問題　問題2　切土法面の施工について適切な語句を記入する。
	必須問題　問題3　軟弱地盤対策工法について工法名とその特徴について記述する。
令和元年	必須問題　問題2　盛土の施工について適切な語句を記入する。
	必須問題　問題3　法面保護工法について工法名と目的，特徴について記述する。
平成30年	必須問題　問題2　構造物の裏込め及び埋戻しについて適切な語句・数値を記入する。
	必須問題　問題3　軟弱地盤対策工法について工法名とその特徴について記述する。
平成29年	必須問題　問題2　切土の施工について適切な語句を記入する。
	必須問題　問題3　軟弱地盤対策工法について工法名とその特徴を記述する。
平成28年	必須問題　問題2　盛土の締固め作業及び締固め機械について適切な語句・数値を記入する。
	必須問題　問題3　法面保護工法について工法名を記述する。
平成27年	必須問題　問題2　土量の変化率，土工計算について適切な語句・数値を記入する。
	必須問題　問題3　軟弱地盤対策工法について効果のある工法名を記述する。
平成26年	①盛土の施工に関して適切な語句を記入する。
	②盛土に高含水比の現場発生土を使用する場合について記述する。

傾　向

（◎最重要項目　○重要項目　□基本項目　※予備項目）

出題項目	令和4年	令和3年	令和2年	令和元年	平成30年	平成29年	平成28年	平成27年	平成26年	重点
土量計算								○		□
軟弱地盤対策			○		○	○		○		○
盛土施工		○○		○			○		○○	◎
切土施工						○				□
法面工			○	○			○			○
土工全般	○									□
土留め壁										※
建設機械		○								□
構造物関連土工					○					□
排水工法										※

対　策

土量計算

数年に一度の出題はあり，基本項目であるので必ず学習をしておく。

土量変化率

地山土量／ほぐし土量／締固め土量

建設機械

ショベル系掘削機の作業能力／ダンプトラック台数計算

軟弱地盤対策

出題頻度が増えており，各種工法の概要と特徴を整理する。

対策工法

表層処理工法／載荷重工法／バーチカルドレーン工法／サンドコンパクション工法／振動締固め工法／固結工法／押え盛土工法／置換工法

工法の効果

圧密沈下促進／沈下量減少／せん断変形抑制／強度低下抑制／強度増加促進／すべり抵抗／液状化防止

盛土施工，切土施工

出題頻度が増えており，施工留意点を整理しておく。

盛土及び締固め

基礎地盤処理／盛土材料／敷均し，締固め作業／軟弱地盤上の盛土／土質改良

切土施工

施工機械／切土法面／法面排水

法面工

数年に一度の出題はあり，法面勾配及び法面保護工について整理する。

標準法面勾配

切土法面（地山の土質，切土高）／盛土法面（盛土材料，盛土高）

法面保護工

植生工（種子散布，筋芝，張芝，植栽等）／構造物（コンクリート吹付，ブロック張，コンクリート枠，アンカー，石積擁壁／井桁組擁壁等）

土留め壁

出題が減少しているが，基本構造，現象について整理しておく。

土留め壁タイプ／地下水位低下方法／ボイリング／ヒービング／現象の説明

建設機械

数年に一度の出題はあり，建設機械の種類，特徴について整理しておく。

土工機械

掘削機械／積込み機械／ブルドーザ／締固め機械

その他の項目

出題頻度は少ないが，「土工」の基本項目でもあり，今後の出題可能性を含め，下記の基礎知識は把握しておく。

排水処理工法

釜場排水／ウェルポイント／ディープウェル

原位置試験

試験の名称／試験結果から求められるもの／試験結果の利用

環境への影響

騒音，振動／交通障害／大気汚染／地盤沈下／発生土処理

土工 チェックポイント

土量計算

1 土の状態と土量変化率

地山の土量（地山にある，そのままの状態） ⟶ 掘削土量
ほぐした土量（掘削され，ほぐされた状態） ⟶ 運搬土量
締固めた土量（盛土され，締固められた状態） ⟶ 盛土土量

$$L=\frac{\text{ほぐした土量}(m^3)}{\text{地山の土量}(m^3)} \qquad C=\frac{\text{締固めた土量}(m^3)}{\text{地山の土量}(m^3)}$$

2 土量計算（計算例）

次の①～③に記述された土量(イ)，(ロ)，(ハ)を求める。

（条　件）　盛土する現場内の発生土，切土及び土取場の土量の変化率は $L=1.20$，$C=0.80$ とする。

① 10,000 m³ の盛土の施工にあたって，現場内で発生する 3,600 m³（ほぐし量）を流用するとともに，不足土を土取場から補うものとすると，土取場で掘削する地山土量は［（イ）］m³となる。

② 10,000 m³ の盛土の施工にあたって，現場内の切土 5,000 m³（地山土量）を流用するとともに，不足土を土取場から補うものとすると，土取場で掘削する地山土量は［（ロ）］m³となる。

③　10,000 m³ の盛土の施工にあたって，現場内で発生する 2,400 m³（ほぐし土量）と切土 2,000 m³（地山土量）を流用するとともに，不足土を土取場から補うものとすると，土取場で掘削する地山土量は ［（ハ）］ m³ となる。

（解　答）

（イ） 施工盛土量　10,000 m³

流用盛土量(現場内ほぐし土量) $\times \dfrac{C}{L} = 3,600 \times \dfrac{0.8}{1.2}$

$= 2,400$ m³

土取場からの補充盛土量　$10,000 - 2,400 = 7,600$ m³

土取場での掘削地山土量　$7,600 \div C = 7,600 \div 0.8$

$= 9,500$ m³

（ロ） 施工盛土量　10,000 m³

流用盛土量(現場内地山土量) $\times C = 5,000 \times 0.8$

$= 4,000$ m³

土取場からの補充盛土量　$10,000 - 4,000 = 6,000$ m³

土取場での掘削地山土量　$6,000 \div C = 6,000 \div 0.8$

$= 7,500$ m³

（ハ） 施工盛土量　10,000 m³

流用盛土量(現場内ほぐし土量) $\times \dfrac{C}{L} +$ (現場地山土量) $\times C$

$= 2,400 \times \dfrac{0.8}{1.2} + 2,000 \times 0.8 = 3,200$ m³

土取場からの補充盛土量　$10,000 - 3,200 = 6,800$ m³

土取場での掘削地山土量　$6,800 \div C = 6,800 \div 0.8$

$= 8,500$ m³

各種例題を数多くこなすことが重要である。

3 建設機械作業能力

①ショベル系掘削機の作業能力

$$Q = \frac{3600 \cdot q_0 \cdot K \cdot f \cdot E}{C_m}$$

ここで，　Q：1時間当たり作業量（m^3/h）

C_m：サイクルタイム（sec）

q_0：バケット容量（m^3）

K：バケット係数

f：土量換算係数（土量変化率 L 及び C から決まる）

E：作業効率（現場条件により決まる）

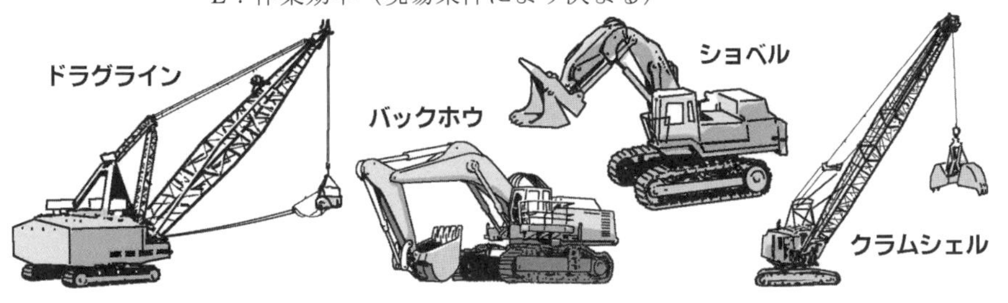

②ダンプトラックの作業能力

$$Q = \frac{60 \cdot C \cdot f \cdot E}{C_m}$$

ここで，Q：1時間当たり作業量（m^3/h）

C_m：サイクルタイム（min）

C：積載土量（m^3）

f：土量換算係数（土量変化率 L 及び C から決まる）

E：作業効率（現場条件により決まる）

4 土工作業と建設機械の選定

①土質条件（トラフィカビリティー）による適応建設機械

建設機械の土の上での走行性を表すもので，締め固めた土を，コーンペネトロメータにより測定した値，コーン指数 q_c で示される。

コーンペネトロメータ

建設機械の走行に必要なコーン指数

建設機械の種類	コーン指数 q_c (kN/m^2)	建設機械の接地圧 (kN/m^2)
超湿地ブルドーザ	200 以上	15〜23
湿地ブルドーザ	300 以上	22〜43
普通ブルドーザ（15 t 級）	500 以上	50〜60
普通ブルドーザ（21 t 級）	700 以上	60〜100
スクレープドーザ	600 以上 （超湿地型は 400 以上）	41〜56 （27）
被けん引式スクレーパ（小型）	700 以上	130〜140
自走式スクレーパ（小型）	1,000 以上	400〜450
ダンプトラック	1,200 以上	350〜550

②運搬距離等と建設機械の選定

各運搬機械の適応運搬距離は下記のように示されている。

運搬機械と土の運搬距離

建設機械の種類	適応する運搬距離
ブルドーザ	60 m 以下
スクレープドーザ	40 〜250 m
被けん引式スクレーパ	60 〜400 m
自走式スクレーパ	200 〜1,200 m

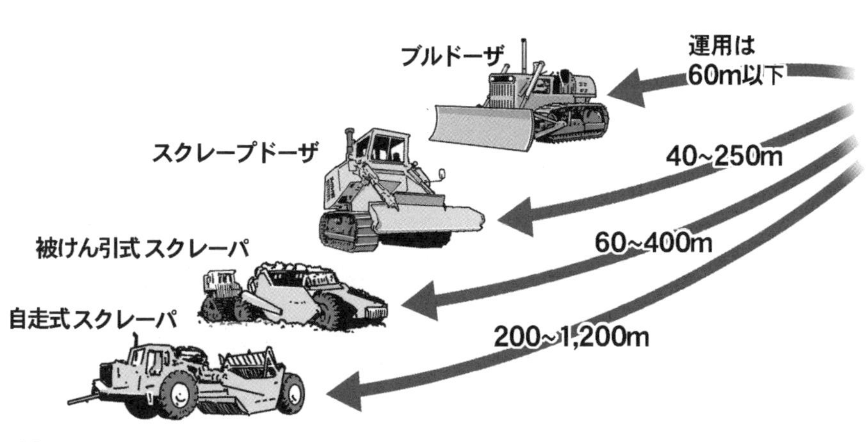

③勾　配

運搬機械は上り勾配のときは走行抵抗が増し，下り勾配のときは危険が生じる。

運搬機械の走行可能勾配

運搬機械の種類	運搬路の勾配
普通ブルドーザ	3 割（約 20°）〜2.5 割（約 25°）
湿地ブルドーザ	2.5 割（約 25°）〜1.8 割（約 30°）
被けん引式スクレーパ	15〜25%
スクレープドーザ	
ダンプトラック	10%以下（坂路が短い場合 15%以下）
自走式スクレーパ	

軟弱地盤対策

軟弱地盤対策工法と特徴等について，下記に整理する。

区　分	対策工法	工法の効果	工法の概要と特徴
表層処理工法	敷設材工法 表層混合処理工法 表層排水工法 サンドマット工法	せん断変形抑制 強度低下抑制 すべり抵抗増加	基礎地盤の表面を石灰やセメントで処理したり，排水溝を設けて改良したりして，軟弱地盤処理工や盛土工の機械施工を容易にする。
載荷重工法	盛土荷重載荷工法 大気圧載荷工法 地下水低下工法	圧密沈下促進 強度増加促進	盛土や構造物の計画されている地盤にあらかじめ荷重をかけて沈下を促進した後，あらためて計画された構造物を造り，構造物の沈下を軽減させる。
バーチカルドレーン工法	サンドドレーン工法 カードボードドレーン工法	圧密沈下促進 せん断変形抑制 強度増加促進	地盤中に適当な間隔で鉛直方向に砂柱などを設置し，水平方向の圧密排水距離を短縮し，圧密沈下を促進し併せて強度増加を図る。
サンドコンパクション工法	サンドコンパクションパイル工法	全沈下量減少 すべり抵抗増加 液状化防止 圧密沈下促進 せん断変形抑制	地盤に締固めた砂杭を造り，軟弱層を締固めるとともに，砂杭の支持力によって安定を増し，沈下量を減ずる。

※ □ は主効果を表す

区　分	対策工法	工法の効果	工法の概要と特徴
振動締固め工法	バイブロフローテーション工法 ロッドコンパクション工法	**液状化防止** 全沈下量減少 すべり抵抗増加	バイブロフローテーション工法は，棒状の振動機を入れ，振動と注水の効果で地盤を締固める。 　ロッドコンパクション工法は，棒状の振動体に上下振動を与え，締固めを行いながら引き抜くものである。
固結工法	石灰パイル工法 深層混合処理工法 薬液注入工法	**全沈下量減少** **すべり抵抗増加**	吸水による脱水や化学的結合によって地盤を固結させ，地盤の強度を上げることによって，安定を増すと同時に沈下を減少させる。
押え盛土工法	押え盛土工法 緩斜面工法	**すべり抵抗増加** せん断変形抑制	盛土の側方に押え盛土をしたり，法面勾配をゆるくしたりして，すべりに抵抗するモーメントを増加させて，盛土のすべり破壊を防止する。
置換工法	掘削置換工法 強制置換工法	**すべり抵抗増加** 全沈下量減少 せん断変形抑制 液状化防止	軟弱層の一部又は全部を除去し，良質材で置き換える工法である。置き換えによってせん断抵抗が付与され，安全率が増加し，沈下も置き換えた分だけ小さくなる。

※ ［　　］は主効果を表す

表層混合処理工法

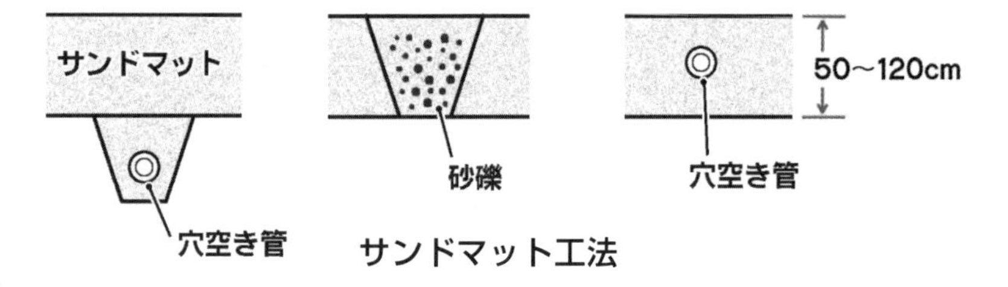

サンドマット工法

表層排水工法

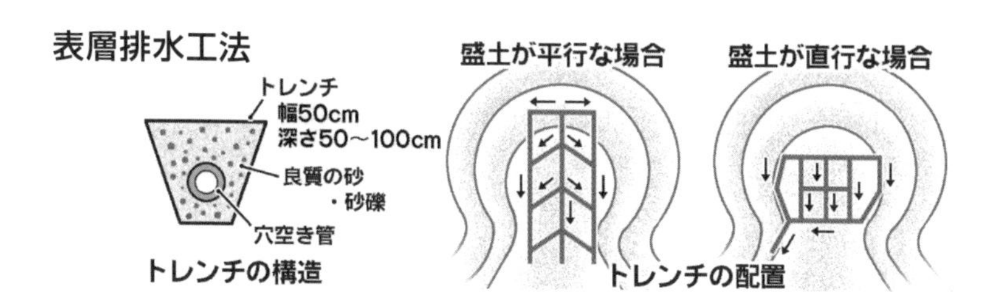

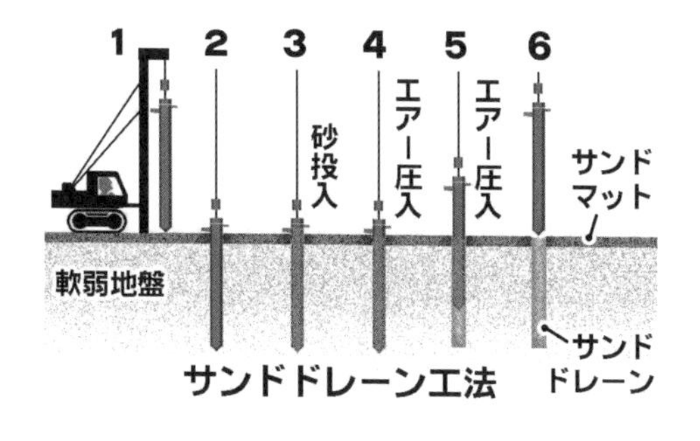

サンドドレーン工法

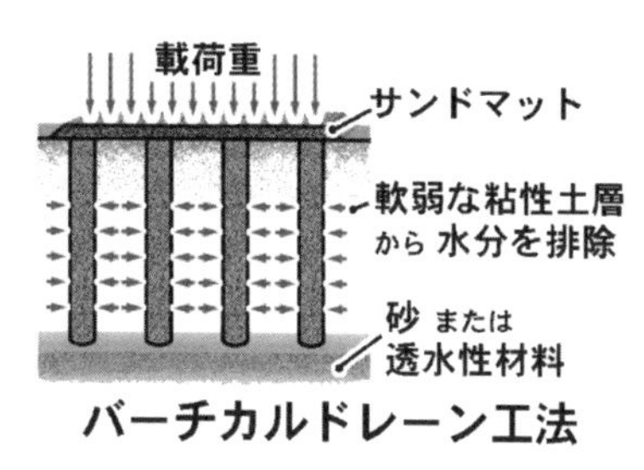

バーチカルドレーン工法

押え盛土工法

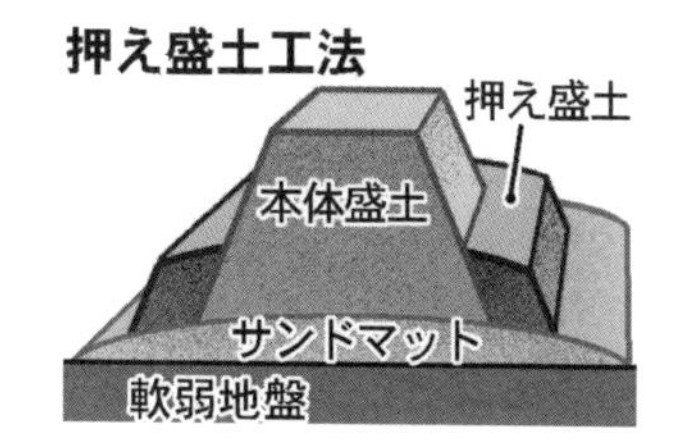

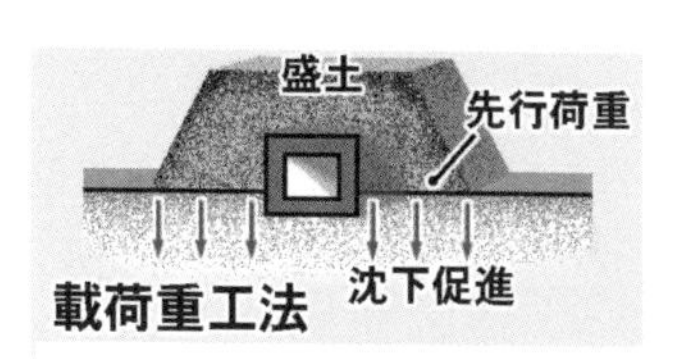

載荷重工法

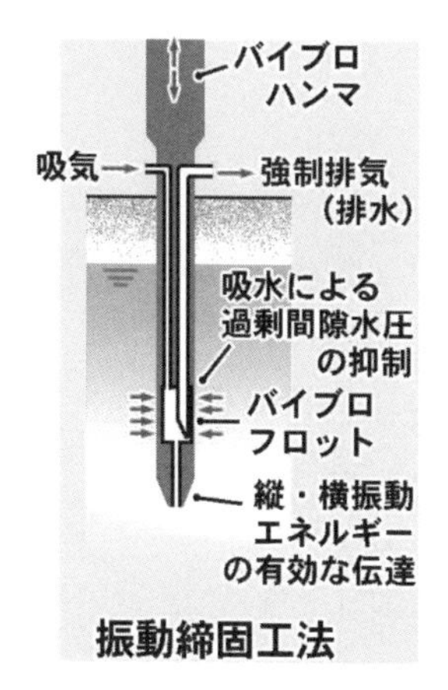

振動締固工法

固結工法

掘削置換工法

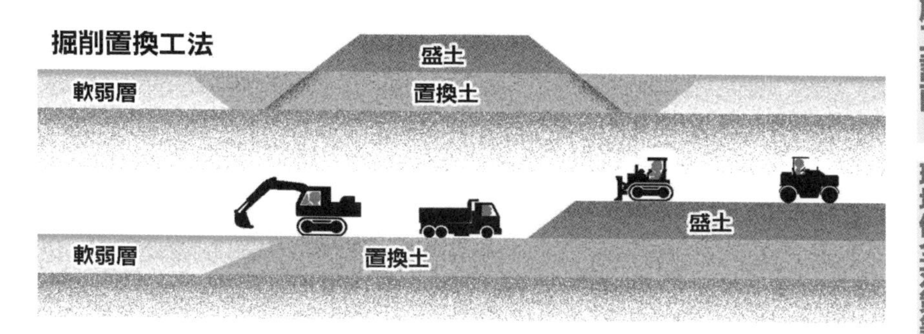

盛土工及び締固め

盛土の施工における留意点は下記のとおりである。

①基礎地盤の処理

伐開除根を行い，草木や切株を残すことによる，腐食や有害な沈下を防ぐ。

表土が腐植土の場合，盛土への悪影響を防ぐために，表土をはぎ取り，盛土材料と置き換える。

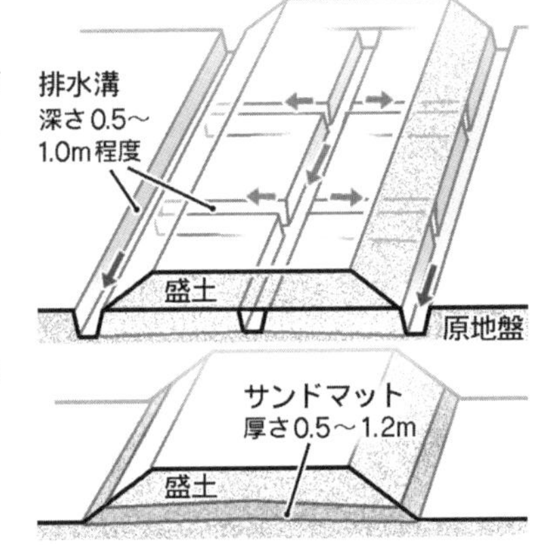

②水田等軟弱層の処理

基礎地盤に排水溝を掘り盛土敷の外に排水し，乾燥させる。

厚さ0.5～1.2 m の敷砂層（サンドマット）を設置し，排水する。

③段差の処理

基礎地盤に凹凸や段差がある場合，均一でない盛土を防ぐため，できるだけ平坦にかきならす必要がある。特に盛土が低い場合には，田のあぜなどの小規模のものでもかきならしを行う。

④盛土材料

施工が容易で締固めたあとの強さが大きく，圧縮性が少なく，雨水などの浸食に対して強いとともに吸水による膨潤性が低い材料を用いる。

⑤敷均し及び締固め

盛土の種類により締固め厚さ及び敷均し厚さを下表のとおりとする。

盛土の種類による締固め厚さ及び敷均し厚さ

盛土の種類	締固め厚さ（1層）	敷均し厚さ
路体・堤体	30 cm 以下	35～45 cm 以下
路床	20 cm 以下	25～30 cm 以下

⑥締固め機械

締固め機械の種類と特徴により，適用する土質が異なる。

締固め機械の種類と適用土質

ロードローラ

特　　徴	静的圧力により締固める
適用土質	粒調砕石，切込砂利，礫混じり砂

タイヤローラ

特　　徴	空気圧の調整により各種土質に対応する
適用土質	砂質土，礫混じり砂，細粒土，普通土

振動ローラ

特　　徴	起振機の振動により締固める
適用土質	岩砕，切込砂利，砂質土

タンピングローラ

特　　徴	突起（フート）の圧力により締固める
適用土質	風化岩，土丹，礫混じり粘性土

振動コンパクタ

特　　徴	平板上に取付けた起振機により締固める
適用土質	鋭敏な粘性土を除くほとんどの土

法面工

1 切土法面の施工

切土に対する標準のり面勾配

地山の土質	切土高	勾配
硬　岩		1:0.3～1:0.8
軟　岩		1:0.5～1:1.2
砂（密実でない粒度分布の悪いもの）		1:1.5～
砂質土（密実なもの）	5 m 以下	1:0.8～1:1.0
	5～10 m	1:1.0～1:1.2
砂質土（密実でないもの）	5 m 以下	1:1.0～1:1.2
	5～10 m	1:1.2～1:1.5
砂利又は岩塊まじり砂質土（密実なもの，又は粒度分布のよいもの）	10 m 以下	1:0.8～1:1.0
	10～15 m	1:1.0～1:1.2
砂利又は岩塊まじり砂質土（密実なもの，又は粒度分布の悪いもの）	10 m 以下	1:1.0～1:1.2
	10～15 m	1:1.2～1:1.5
粘　性　土	10 m 以下	1:0.8～1:1.2
岩塊又は玉石まじりの粘性土	5 m 以下	1:1.0～1:1.2
	5～10 m	1:1.2～1:1.5

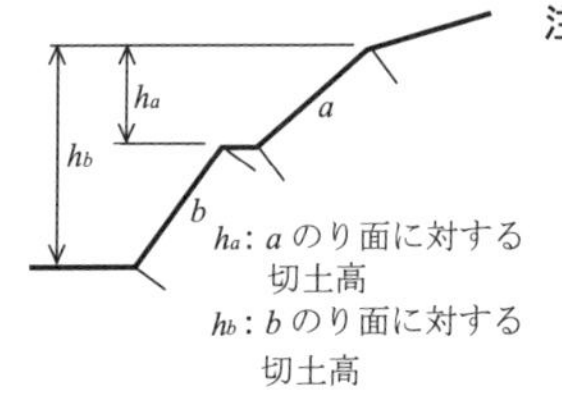

注）① 土質構成などにより単一勾配としないときの切土高及び勾配の考え方は図のようにする。

・勾配は小段を含めない。

・勾配に対する切土高は当該切土のり面から上部の全切土高とする。

② シルトは粘性土に入れる。

③ 上表以外の土質は別途考慮する。

2 盛土法面の施工

盛土材料及び盛土高に対する標準のり面勾配

盛土材料	盛土高（m）	勾配
粒度の良い砂，礫及び細粒分混じり礫	5 m 以下	1:1.5～1:1.8
	5～15 m	1:1.8～1:2.0
粒度の悪い砂	10 m 以下	1:1.8～1:2.0
岩塊（ずりを含む）	10 m 以下	1:1.5～1:1.8
	10～20 m	1:1.8～1:2.0
砂質土，硬い粘質土，硬い粘土（洪積層の硬い粘質土，粘土，関東ロームなど）	5 m 以下	1:1.5～1:1.8
	5～10 m	1:1.8～1:2.0
火山灰質粘性土	5 m 以下	1:1.8～1:2.0

3 法面保護工

のり面保護工の工種と目的

工種			目的
のり面緑化工（植生工）	播種工	種子散布工 客土吹付工 植生基材吹付工 （厚層基材吹付工） 植生シート工 植生マット工	浸食防止，凍上崩落抑制，植生による早期全面被覆
		植生筋工	盛土で植生を筋状に成立させることによる浸食防止，植物の侵入・定着の促進
		植生土のう工 植生基材注入工	植生基盤の設置による植物の早期生育 厚い生育基盤の長期間安定を確保
	植栽工	張芝工	芝の全面張り付けによる浸食防止，凍上崩落抑制，早期全面被覆
		筋芝工	盛土で芝の筋状張り付けによる浸食防止，植物の侵入・定着の促進
		植栽工	樹木や草花による良好な景観の形成
苗木設置吹付工			早期全面被覆と樹木等の生育による良好な景観の形成

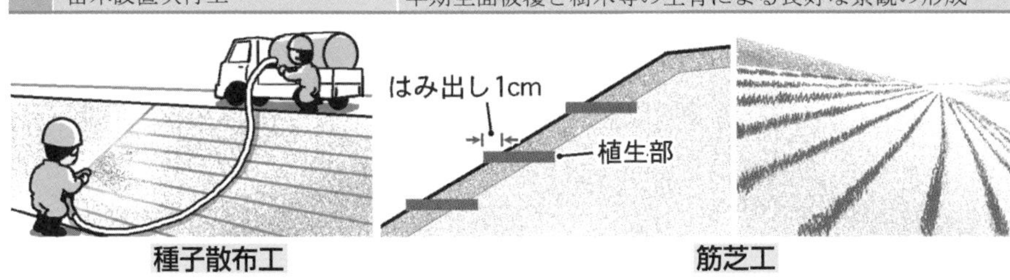

種子散布工　筋芝工

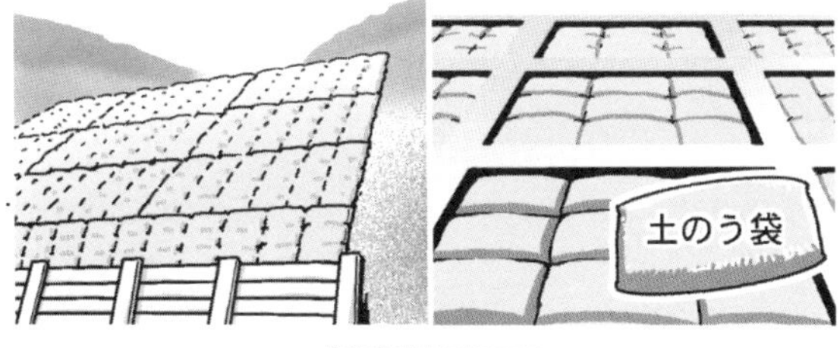

植生土のう工

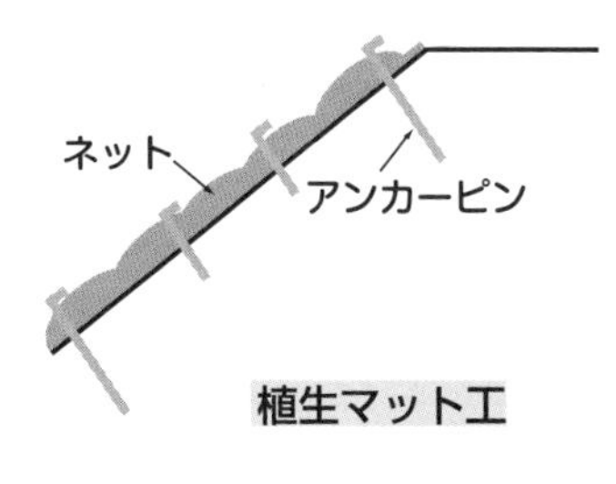

植生マット工

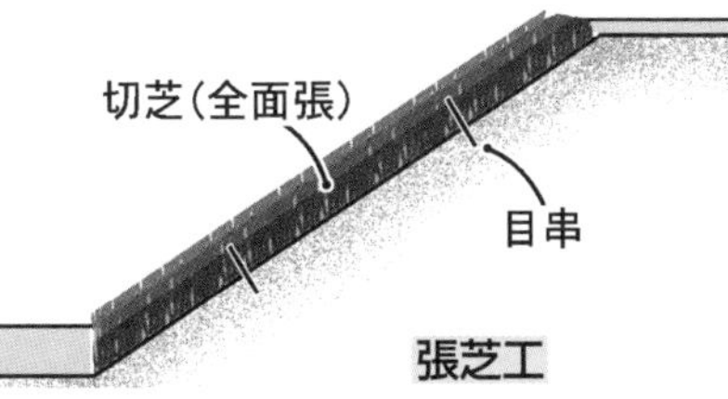

張芝工

	工　種	目　的
構造物工	金網張工 繊維ネット張工	生育基盤の保持や流下水によるのり面表層部のはく落の防止
	柵工 じゃかご工	のり面表層部の浸食や湧水による土砂流出の抑制
	プレキャスト枠工	中詰の保持と浸食防止
	モルタル・コンクリート吹付工 石張工 ブロック張工	風化，浸食，表流水の浸透防止
	コンクリート張工 吹付枠工 現場打ちコンクリート枠工	のり面表層部の崩落防止，多少の土圧を受けるおそれのある箇所の土留め，岩盤はく落防止
	石積，ブロック積擁壁工 かご工 井桁組擁壁工 コンクリート擁壁工 連続長繊維補強土工	ある程度の土圧に対抗して崩壊を防止
	地山補強土工 グラウンドアンカー工 杭工	すべり土塊の滑動力に対抗して崩壊を防止

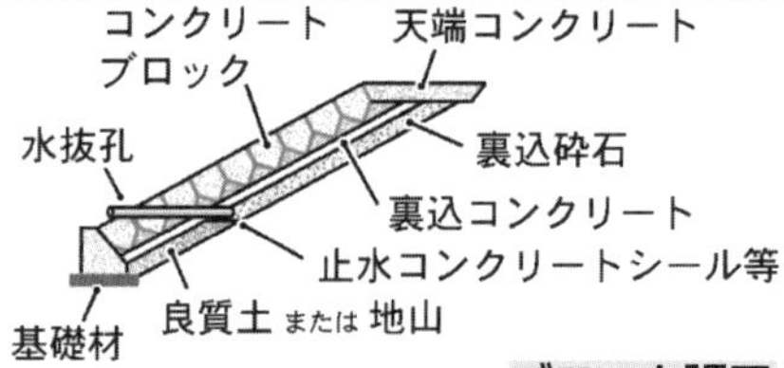

ブロック張工

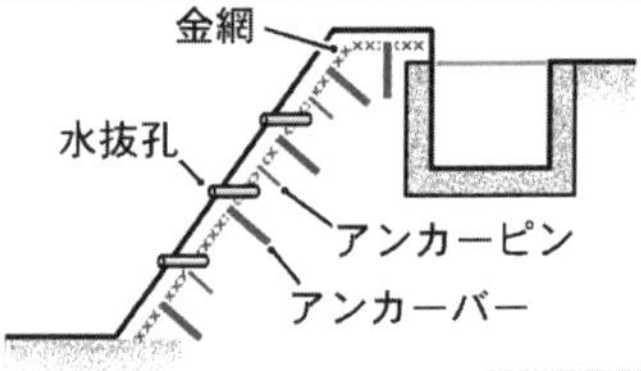

モルタル吹付工

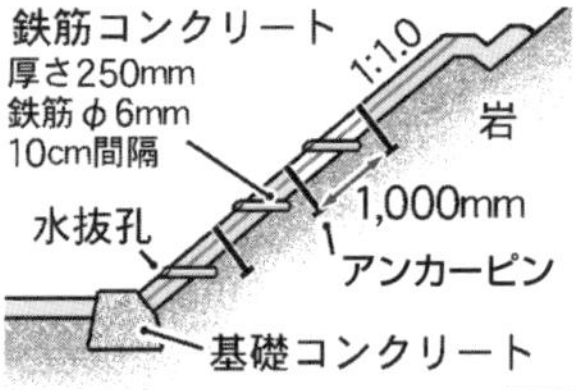

コンクリート張工

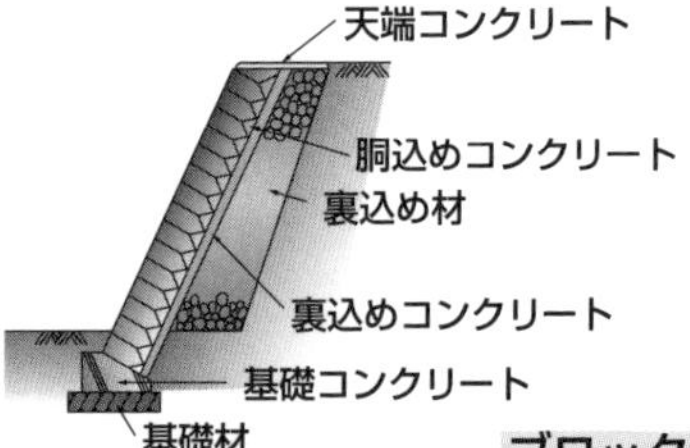

ブロック積擁壁工

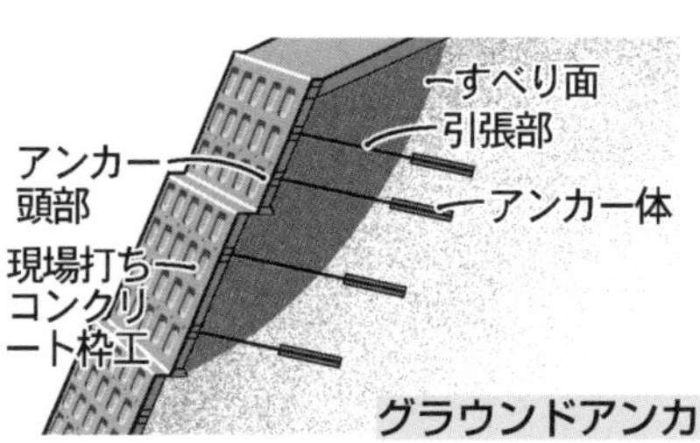

グラウンドアンカー工

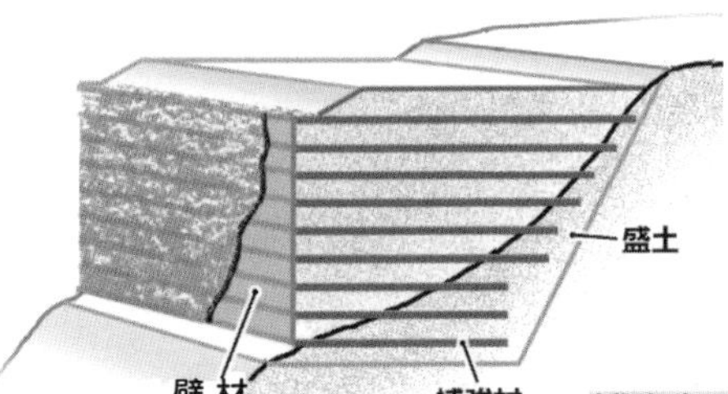

補強土工

土留工法

1 工法の形式と特徴

自立式

掘削側の地盤の抵抗によって土留め壁を支持する工法

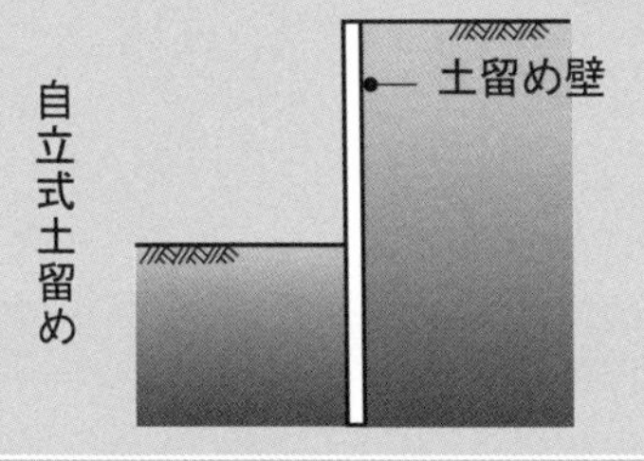

切ばり式

切ばり，腹起し等の支保工と掘削側の地盤の抵抗によって土留め壁を支持する工法

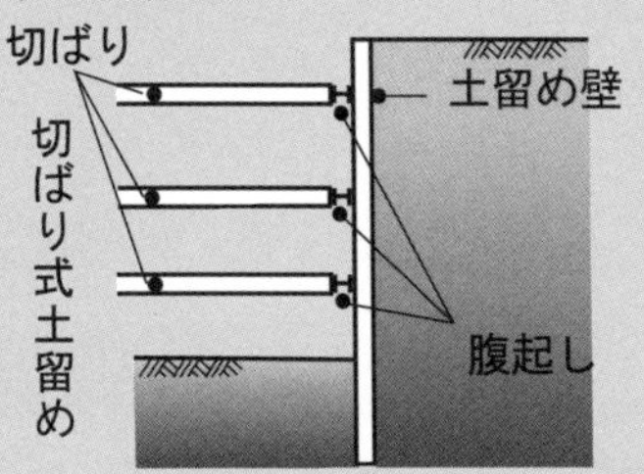

アンカー式

土留めアンカーと掘削側の地盤抵抗によって土留め壁を支持する工法

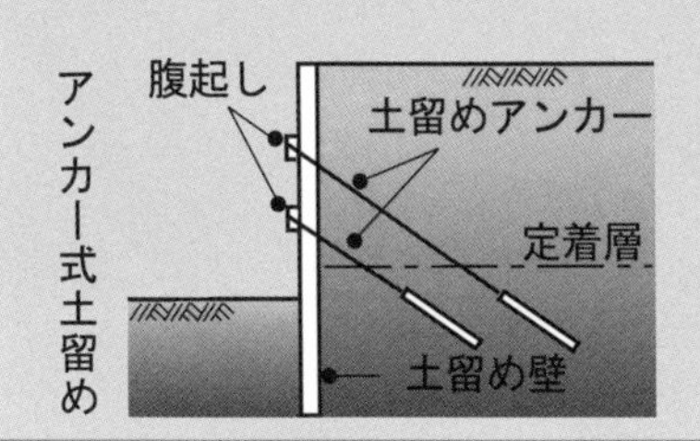

控え杭タイロッド式

控え杭と土留め壁をタイロッドでつなぎ，これと地盤の抵抗により土留め壁を支持する工法

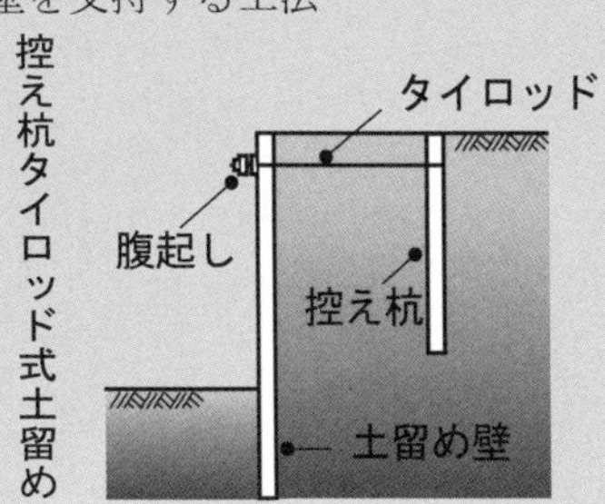

2 土留め工の構造

腹　起　し ⇒ 土留め壁からの荷重を受け，これを切ばり，タイロッド，アンカー等に均等に伝えるものである。

切　ば　り ⇒ 腹起しからの荷重を均等に支え，土止めの安定を保つ。腹起しとは垂直かつ密着して取り付ける。

火打ちばり ⇒ 腹起し，切ばりの支点間隔が長いと座屈が発生しやすい。座屈長を短くするために用いられる。

中　間　杭 ⇒ 切ばりの座屈防止，覆工受け桁からの荷重支持が目的で切ばりの交点等に設置する。

鋼　矢　板 ⇒ 土止め壁本体に最も多く用いられるもので，多くの規格があるが，一般の土留め壁ではⅢ型以上を採用する。

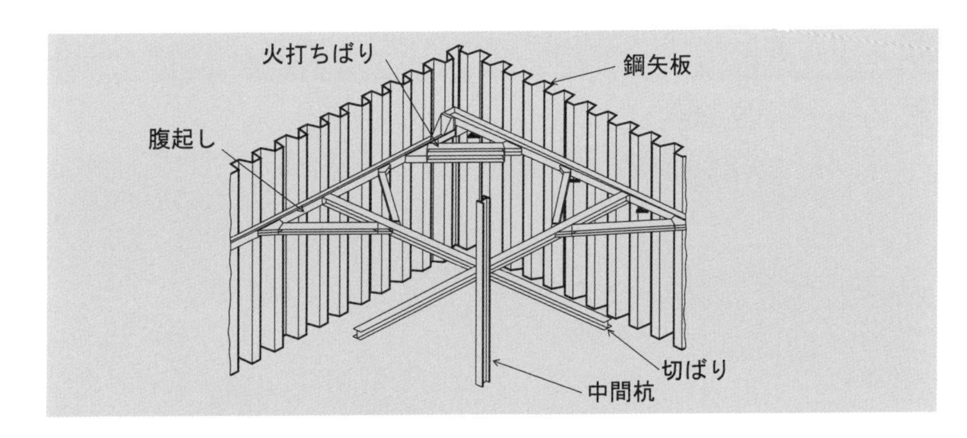

建設機械

1 掘削機械の種類と特徴

ドラグライン ⇒ バケットを落下，ロープで引寄せる。広い浅い掘削。

バックホウ ⇒ バケットを手前に引く動作。地盤より低い掘削。強い掘削力。

ショベル ⇒ バケットを前方に押す動作。地盤より高いところの掘削。

クラムシェル ⇒ バケットを垂直下方に降ろす。深い基礎掘削。

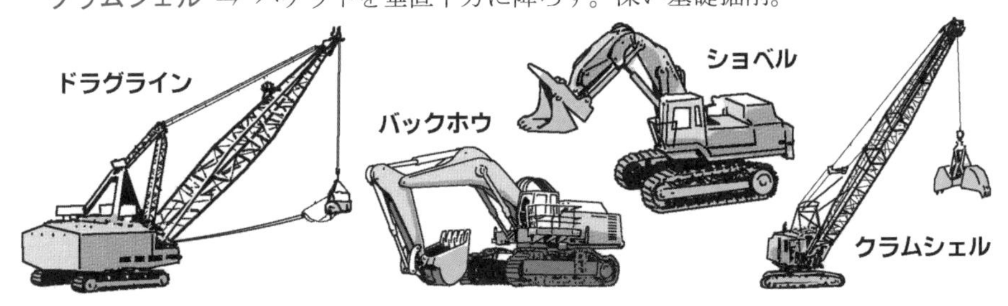

2 積込み機械の種類と特徴

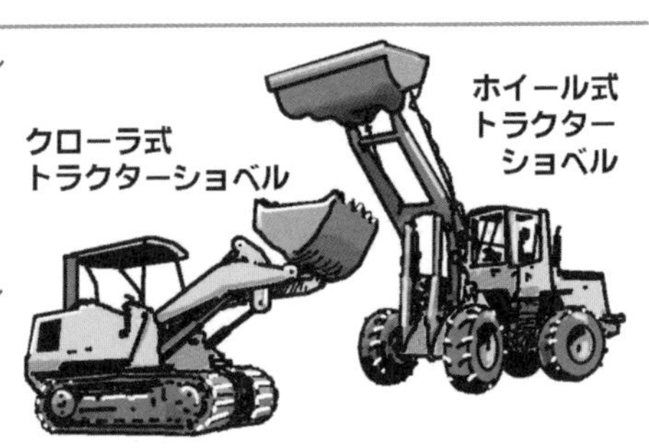

クローラ（履帯）式トラクターショベル

履帯式トラクターにバケット装着。
履帯接地長が長く軟弱地盤の走行に適する。掘削力は劣る。

ホイール（車輪）式トラクターショベル

車輪式トラクターにバケット装着。
走行性がよく機動性に富む。

積込み方式

- V形積込み：トラクターショベルが動き，ダンプトラックは停車。
- I形積込み：トラクターショベルが後退，ダンプトラックも移動。

3 ブルドーザの種類と特徴

レーキドーザ ⇒ 土工板の代わりにレーキ取付。抜根，岩石掘起こし用。
アングルドーザ ⇒ 土工板の角度が25°前後に可変。重掘削に不適。
チルトドーザ ⇒ 土工板の左右の高さが可変。溝掘り，硬い土に適する。
U ドーザ ⇒ 土工板がU形。押し土の効率が良い。
ストレートドーザ ⇒ 固定式土工板。重掘削作業に適する。
リッパドーザ ⇒ リッパ（爪）をトラック後方に取付。軟岩掘削用。
スクレープドーザ ⇒ ブルドーザにスクレーパ装置を組み込み，前後進の作業，狭い場所の作業に適する。

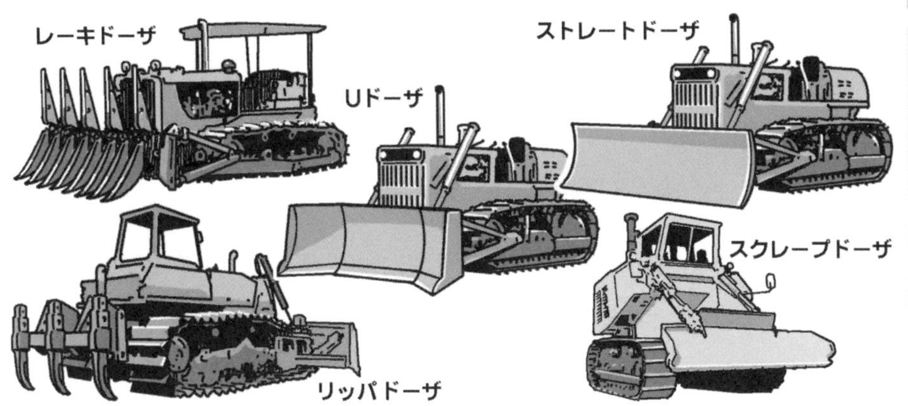

4 締固め機械の種類と特徴

ロードローラ ⇒ 静的圧力による締固め。マカダム型・タンデム型の2種。
タイヤローラ ⇒ 空気圧の調節により各種土質に対応可能。
振動ローラ ⇒ 振動による締固め。礫，砂質土に適する。
タンピングローラ ⇒ 突起（フート）による締固め。かたい粘土に適する。
振動コンパクタ ⇒ 起振機を平板上に取付ける。狭い場所に適する。

構造物関連土工

1 構造物取付け部の盛土

盛土と構造物の接続部の沈下の原因と防止対策

①沈下の原因

・基礎地盤の沈下及び盛土自体の圧密沈下。
・構造物背面の盛土による構造物の変位。
・盛土材料の品質が悪くなりやすい。
・裏込め部分の排水が不良になりやすい。
・締固めが不十分になりやすい。

②防止対策

・裏込め材料として締固めが容易で，非圧縮性，透水性のよい安定した材料の選定。
・締固め不足とならぬよう，大型締固め機械を用いた，入念な施工。
・施工中の排水勾配の確保，地下排水溝の設置等の十分な排水対策。
・必要に応じ，構造物と盛土との接続部における踏掛版の設置。

2 盛土における構造物の裏込め，切土における構造物の埋戻し

裏込め及び埋戻しの留意点

①材　料

・構造物との間に段差が生じないよう，圧縮性の小さい材料を用いる。
・雨水などの浸透による土圧増加を防ぐために，透水性のよい材料を用いる。
・一般的に裏込め及び埋戻しの材料には，粒度分布のよい粗粒土を用いる。

②構造機械

・大型の締固め機械が使用できる構造が望ましい。
・基礎掘削及び切土部の埋戻しは，良質の裏込め材を中，小型の締固め機械で十分締固める。
・構造物壁面に沿って裏面排水工を設置し，集水したものを盛土外に排出する。

③施　工

・裏込め，埋戻しの敷均しは仕上り厚 20 cm 以下とし，締固めは路床と同程度に行う。
・裏込め材は，小型ブルドーザ，人力などにより平坦に敷ならし，ダンプトラックやブルドーザによる高まきは避ける。
・締固めはできるだけ大型の締固め機械を使用し，構造物縁部及び翼壁部などについても小型締固め機械により入念に締固める。

・雨水の流入を極力防止し，浸透水に対しては，地下排水溝を設けて処理する。
・裏込め材料に構造物掘削土を使用できない場合は，掘削土が裏込め材料に混ざらないように注意する。
・急速な盛土により，偏土圧を与えない。

排水処理工法

排水処理工法は，地下水の高い地盤をドライの状態で掘削するために，地下水位を所定の深さまで低下させるもので，大別して，重力排水と強制排水の2種類がある。

区　分	排水処理工法	概　要　及　び　特　徴
重力排水工法	釜場排水工法 （砂質・シルト地盤）	構造物の基礎掘削の際，掘削底面に湧水や雨水を1箇所に集めるための釜場を設け，水中ポンプで排水し，地下水位を低下させる。
	深井戸工法 （砂質地盤）	掘削底面以下まで井戸を掘り下げ，水中ポンプを使用して地下水を汲み上げ，地下水位面を低下させる。
強制排水工法	ウェルポイント工法 （砂質地盤）	地盤中にウェルポイントという穴あき管をジェット水で地中に挿入し，真空ポンプにより地下水を強制的に吸出し地下水位を低下させる。
	真空深井戸工法 （シルト地盤）	深井戸工法と同様に井戸を掘り下げ，真空ポンプにより強制的に地下水を汲み上げ，地下水位面を低下させる。

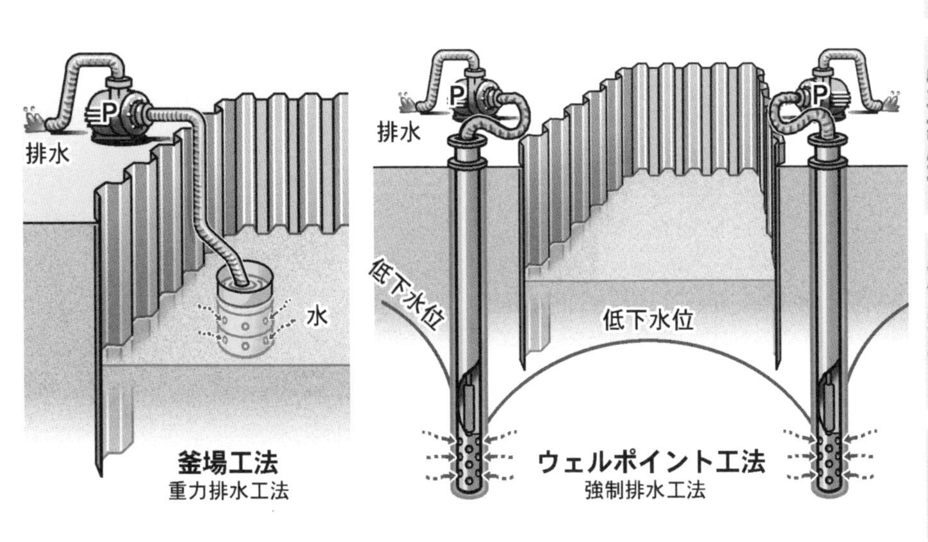

釜場工法
重力排水工法

ウェルポイント工法
強制排水工法

ボイリング・ヒービング

土留め工を施工した土工事において，掘削の進行に伴い掘削底面の安定が損なわれる下記のような破壊現象が発生する。

1 ボイリング

地下水位の高い砂質土地盤の掘削の場合，掘削面と背面側の水位差により，掘削面側の砂が湧きたつ状態となり，土留めの崩壊のおそれが生じる現象である。

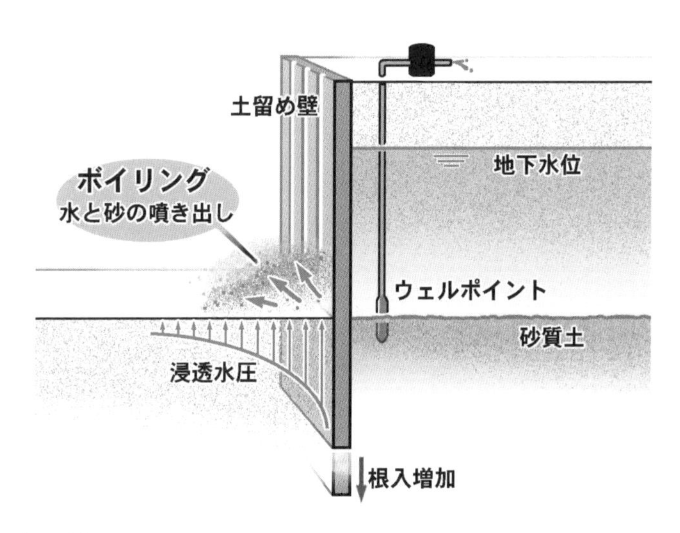

2 ヒービング

掘削底面付近に軟らかい粘性土がある場合，土留め背面の土や上載荷重等により，掘削底面の隆起，土留め壁のはらみ，周辺地盤の沈下により，土留めの崩壊のおそれが生じる現象である。

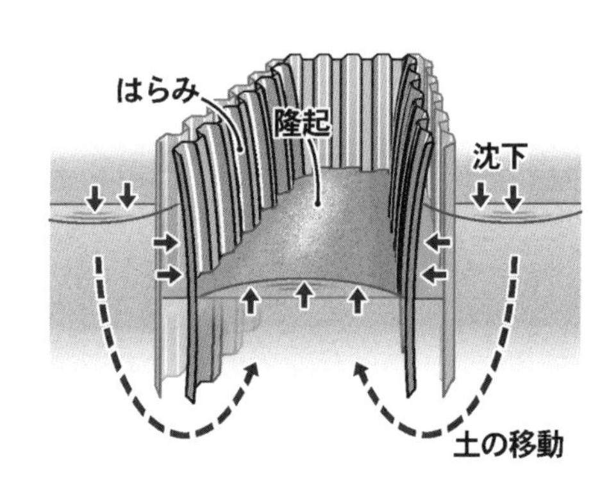

過去8年間の問題と解説・解答例

令和3年度 必須問題　土工

穴埋め問題

盛土の締固め作業及び締固め機械に関する次の文章の［　　］の（イ）～（ホ）に当てはまる**適切な語句を，次の語句から選び**解答欄に記入しなさい。

(1) 盛土全体を［（イ）］に締め固めることが原則であるが，盛土［（ロ）］や隅部（特に法面近く）等は締固めが不十分になりがちであるから注意する。

(2) 締固め機械の選定においては，土質条件が重要なポイントである。すなわち，盛土材料は，破砕された岩から高［（ハ）］の粘性土にいたるまで多種にわたり，同じ土質であっても［（ハ）］の状態等で締固めに対する適応性が著しく異なることが多い。

(3) 締固め機械としての［（ニ）］は，機動性に優れ，比較的種々の土質に適用できる等の点から締固め機械として最も多く使用されている。

(4) 振動ローラは，振動によって土の粒子を密な配列に移行させ，小さな重量で大きな効果を得ようとするもので，一般に［（ホ）］に乏しい砂利や砂質土の締固めに効果がある。

［語句］

水セメント比，	改良，	粘性，	端部，	生物的，
トラクタショベル，	耐圧，	均等，	仮設的，	塩分濃度，
ディーゼルハンマ，	含水比，	伸縮部，	中央部，	タイヤローラ

解　説

■盛土の締固め作業及び締固め機械に関する語句の記入

盛土の締固め作業及び締固め機械は，主に**「道路土工－盛土工指針」**において示されている。

解答例

⑴ 盛土全体を **(イ) 均等** に締め固めることが原則であるが，盛土 **(ロ) 端部** や隅部（特に法面近く）等は締固めが不十分になりがちであるから注意する。

⑵ 締固め機械の選定においては，土質条件が重要なポイントである。すなわち，盛土材料は，破砕された岩から高 **(ハ) 含水比** の粘性土にいたるまで多種にわたり，同じ土質であっても **(ハ) 含水比** の状態等で締固めに対する適応性が著しく異なることが多い。

⑶ 締固め機械としての **(ニ) タイヤローラ** は，機動性に優れ，比較的種々の土質に適用できる等の点から締固め機械として最も多く使用されている。

⑷ 振動ローラは，振動によって土の粒子を密な配列に移行させ，小さな重量で大きな効果を得ようとするもので，一般に **(ホ) 粘性** に乏しい砂利や砂質土の締固めに効果がある。

タイヤローラ

振動ローラ

(イ)	(ロ)	(ハ)	(ニ)	(ホ)
均等	端部	含水比	タイヤローラ	粘性

穴埋め問題

盛土の施工に関する次の文章の［　　］の（イ）～（ホ）に当てはまる**適切な語句を，次の語句から選び**解答欄に記入しなさい。

⑴　敷均しは，盛土を均一に締め固めるために最も重要な作業であり［（イ）］でていねいに敷均しを行えば均一でよく締まった盛土を築造することができる。

⑵　盛土材料の含水量の調節は，材料の［（ロ）］含水比が締固め時に規定される施工含水比の範囲内にない場合にその範囲に入るよう調節するもので，曝気乾燥，トレンチ掘削による含水比の低下，散水等の方法がとられる。

⑶　締固めの目的として，盛土法面の安定や土の［（ハ）］の増加等，土の構造物として必要な［（ニ）］が得られるようにすることがあげられる。

⑷　最適含水比，最大［（ホ）］に締め固められた土は，その締固めの条件のもとでは土の間隙が最小である。

［語句］

塑性限界，	収縮性，	乾燥密度，	薄層，	最小，
湿潤密度，	支持力，	高まき出し，	最大，	砕石，
強度特性，	飽和度，	流動性，	透水性，	自然

解説

■盛土の施工に関する語句の記入

盛土の施工に関しては，**「道路土工－盛土工指針」**等を参照する。

解答例

⑴ 敷均しは，盛土を均一に締め固めるために最も重要な作業であり **(イ) 薄層** でていねいに敷均しを行えば均一でよく締まった盛土を築造することができる。

⑵ 盛土材料の含水量の調節は，材料の **(ロ) 自然** 含水比が締固め時に規定される施工含水比の範囲内にない場合にその範囲に入るよう調節するもので，曝気乾燥，トレンチ掘削による含水比の低下，散水等の方法がとられる。

⑶ 締固めの目的として，盛土法面の安定や土の **(ハ) 支持力** の増加等，土の構造物として必要な **(ニ) 強度特性** が得られるようにすることがあげられる。

⑷ 最適含水比, 最大 **(ホ) 乾燥密度** に締め固められた土は，その締固めの条件のもとでは土の間隙が最小である。

(イ)	(ロ)	(ハ)	(ニ)	(ホ)
薄層	自然	支持力	強度特性	乾燥密度

令和２年度 必須問題　　土 工

穴埋め問題

切土法面の施工における留意事項に関する次の文章の［　　］の（イ）～（ホ）に当てはまる**適切な語句を，次の語句から選び**解答欄に記入しなさい。

⑴ 切土法面の施工中は，雨水などによる法面浸食や崩壊，落石などが発生しないように，一時的な法面の［（イ）］，法面保護，落石防止を行うのがよい。

⑵ 切土法面の施工中は，掘削終了を待たずに切土の施工段階に応じて順次［（ロ）］から保護工を施工するのがよい。

⑶ 露出することにより［（ハ）］の早く進む岩は，できるだけ早くコンクリートや［（ニ）］吹付けなどの工法による処置を行う。

⑷ 切土法面の施工に当たっては，丁張にしたがって仕上げ面から［（ホ）］をもたせて本体を掘削し，その後法面を仕上げるのがよい。

［語句］

風化，	中間部，	余裕，	飛散，	水平，
下方，	モルタル，	上方，	排水，	骨材，
中性化，	支持，	転倒，	固結，	鉄筋

解説

■切土法面の施工についての語句の記入

切土法面の施工に関しては，主に**「道路土工－切土工・斜面安定工指針」**に示されている。

解答例

⑴ 切土法面の施工中は，雨水などによる法面浸食や崩壊，落石などが発生しないように，一時的な法面の **(イ) 排水** ，法面保護，落石防止を行うのがよい。

⑵ 切土法面の施工中は，掘削終了を待たずに切土の施工段階に応じて順次 **(ロ) 上方** から保護工を施工するのがよい。

⑶ 露出することにより **(ハ) 風化** の早く進む岩は，できるだけ早くコンクリートや **(ニ) モルタル** 吹付けなどの工法による処置を行う。

⑷ 切土法面の施工に当たっては，丁張にしたがって仕上げ面から **(ホ) 余裕** をもたせて本体を掘削し，その後法面を仕上げるのがよい。

(イ)	(ロ)	(ハ)	(ニ)	(ホ)
排水	上方	風化	モルタル	余裕

令和２年度 必須問題　　土 工

文章記述問題

軟弱地盤対策工法に関する次の工法から **2 つ選び，工法名とその工法の特徴についてそれぞれ**解答欄に記述しなさい。

・サンドドレーン工法
・サンドマット工法
・深層混合処理工法(機械かくはん方式)
・表層混合処理工法
・押え盛土工法

解　説

■軟弱地盤対策工法と工法の特徴の記述問題

軟弱地盤対策工については，**「道路土工－軟弱地盤対策工指針」6─2 軟弱地盤対策及び工法の選定　⑵対策工法の種類**に示されている。

解答例

下記について，**2 つを選定し記述する。**

軟弱地盤対策工法	工法の特徴
サンドドレーン工法	粘土質地盤に鉛直な砂柱を設け，排水距離を短縮して圧密排水を促進し，併せて地盤のせん断強さの増加を図る。
サンドマット工法	軟弱地盤上に透水性のよい砂を敷くことにより，トラフィカビリティーの確保と圧密排水を促進し，地盤からの排水経路として使用する工法である。
深層混合処理工法(機械かくはん方式)	盛土のすべり防止，沈下の低減などを目的として，石灰やセメント系の安定材と原位置土を撹拌翼で混合し，柱体状の安定処理土を形成する。(本書 171 ページ図参照)
表層混合処理工法	基礎地盤の表面を石灰やセメントで混合処理し強度を高める工法で，安定材によりせん断変形を抑制する。
押え盛土工法	施工中に生じるすべり破壊に対して，盛土本体の側方部を押えて盛土の安定を図る。

令和元年度 必須問題　土　工

穴埋め問題

盛土の施工に関する次の文章の［　　］の（イ）～（ホ）に当てはまる**適切な語句を，次の語句から選び**解答欄に記入しなさい。

(1) 盛土材料としては，可能な限り現地［（イ）］を有効利用することを原則としている。

(2) 盛土の［（ロ）］に草木や切株がある場合は，伐開除根など施工に先立って適切な処理を行うものとする。

(3) 盛土材料の含水量調節にはばっ気と［（ハ）］があるが，これらは一般に敷均しの際に行われる。

(4) 盛土の施工にあたっては，雨水の浸入による盛土の［（ニ）］や豪雨時などの盛土自体の崩壊を防ぐため，盛土施工時の［（ホ）］を適切に行うものとする。

［語句］

購入土，	固化材，	サンドマット，	腐植土，	軟弱化，
発生土，	基礎地盤，	日照，	粉じん，	粒度調整，
散水，	補強材，	排水，	不透水層，	越水

解 説

■盛土の施工についての語句の記入

盛土の施工に関しては，主に**「道路土工－盛土工指針」**に示されている。

解答例

(1) 盛土材料としては，可能な限り現地 **(イ) 発生土** を有効利用することを原則としている。

(2) 盛土の **(ロ) 基礎地盤** に草木や切株がある場合は，伐開除根など施工に先立って適切な処理を行うものとする。

(3) 盛土材料の含水量調節にはばっ気と **(ハ) 散水** があるが，これらは一般に敷均しの際に行われる。

(4) 盛土の施工にあたっては，雨水の浸入による盛土の **(ニ) 軟弱化** や豪雨時などの盛土自体の崩壊を防ぐため，盛土施工時の **(ホ) 排水** を適切に行うものとする。

(イ)	(ロ)	(ハ)	(ニ)	(ホ)
発生土	基礎地盤	散水	軟弱化	排水

令和元年度 必須問題　　土　工

文章記述問題

植生による法面保護工と構造物による法面保護工について，**それぞれ１つずつ工法名とその目的又は特徴について**解答欄に記述しなさい。

ただし，解答欄の（例）と同一内容は不可とする。

(1)　植生による法面保護工
(2)　構造物による法面保護工

解　説

■法面保護工の工法とその目的又は特徴の記述問題

法面保護工について，**「道路土工－切土工・斜面安定工指針」8－3－6　植生工の施工　(3)施工上の留意事項，8－4－2　構造物工の設計・施工**を参照する。

分　類	工　種	目　的・特　徴
(1)植生による法面保護工	種子散布工 客土吹付工 張芝工 植生マット工	浸食防止 全面植生（緑化）
	植生筋工 筋芝工	盛土のり面浸食防止 部分植生
	土のう工 植生穴工	不良土のり面浸食防止
	樹木植栽工	環境・景観保全

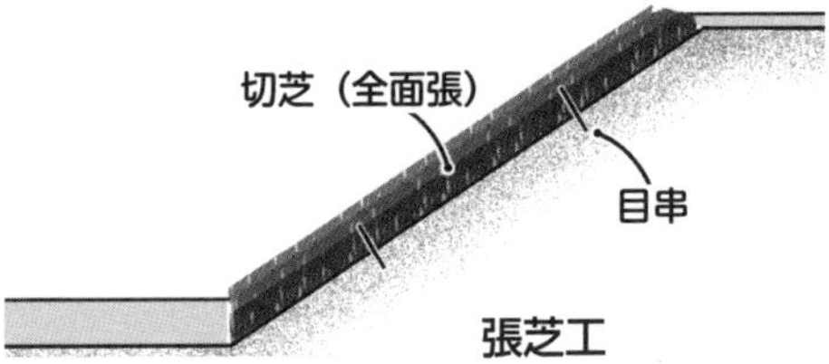

切芝（全面張）
目串

張芝工

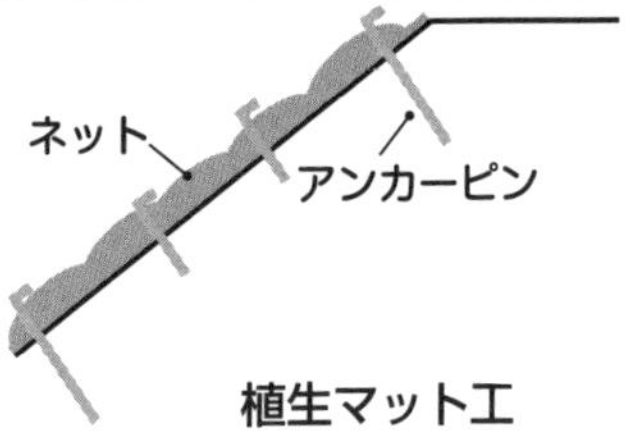

ネット
アンカーピン

植生マット工

分　類	工　種	目　的・特　徴
⑵構造物による法面保護工	モルタル・コンクリート吹付工 ブロック張工 プレキャスト枠工	風化，浸食防止
	コンクリート張工 吹付枠工 現場打ちコンクリート枠工 アンカー工	のり面表層部崩落防止
	石積，ブロック積 ふとん籠工 井桁組擁壁	土圧に対抗（抑止工）

上記について，**1つずつ選定し記述する。**

解答例

⑴種子散布工

・法面の浸食防止，凍上崩落抑制，全面植生（緑化）を目的とする。

・植生の種子，肥料等を混合して散布する。

・緩勾配，低い法面等に用いられる。

種子散布工

⑵現場打ちコンクリート枠工

・法面表層部の崩落防止，岩盤はく落防止を目的とする。

・多少の土圧を受けるおそれのある箇所の土留めに用いられる。

・鉄筋コンクリートで枠を施工し，枠内は植生，吹付け等で保護する。

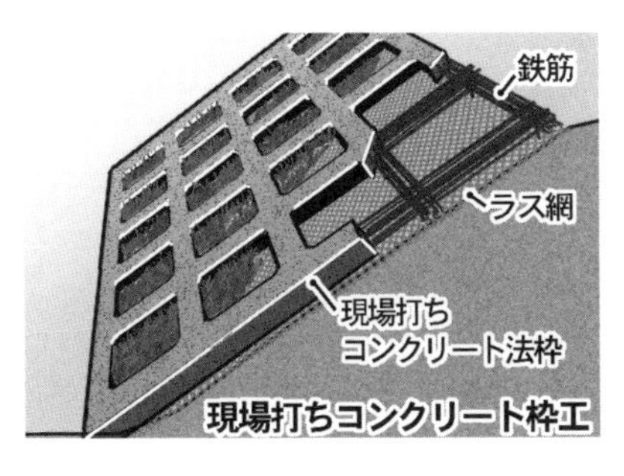

現場打ちコンクリート枠工

30 年度 必須問題　　土　工

穴埋め問題

下図のような構造物の裏込め及び埋戻しに関する次の文章の　　　の（イ）～（ホ）に当てはまる**適切な語句又は数値を，次の語句又は数値から選び**解答欄に記入しなさい。

(1) 裏込め材料は，（イ）で透水性があり，締固めが容易で，かつ水の浸入による強度の低下が（ロ）安定した材料を用いる。

(2) 裏込め，埋戻しの施工においては，小型ブルドーザ，人力などにより平坦に敷均し，仕上り厚は（ハ）cm 以下とする。

(3) 締固めにおいては，できるだけ大型の締固め機械を使用し，構造物縁部などについてはソイルコンパクタや（ニ）などの小型締固め機械により入念に締め固めなければならない。

(4) 裏込め部においては，雨水が流入したり，たまりやすいので，工事中は雨水の流入をできるだけ防止するとともに，浸透水に対しては，（ホ）を設けて処理をすることが望ましい。

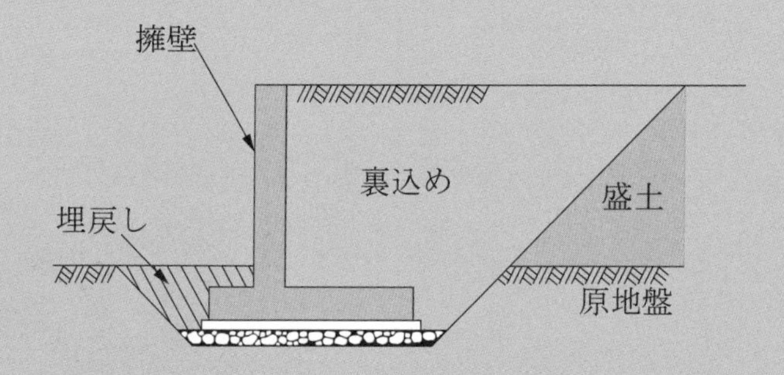

［語句又は数値］

弾性体，	40，	振動ローラ，	少ない，	地表面排水溝，
乾燥施設，	可撓性，	高い，	ランマ，	20，
大きい，	地下排水溝，	非圧縮性，	60，	タイヤローラ

解説

■構造物の裏込め及び埋戻しについての語句の記入

構造物の裏込め及び埋戻しについての語句の記入に関しては，主に「道路土工指針」等に示されている。

解答例

⑴ 裏込め材料は，(イ) 非圧縮性 で透水性があり，締固めが容易で，かつ水の浸入による強度の低下が (ロ) 少ない 安定した材料を用いる。

⑵ 裏込め，埋戻しの施工においては，小型ブルドーザ，人力などにより平坦に敷均し，仕上り厚は (ハ) 20 cm 以下とする。

⑶ 締固めにおいては，できるだけ大型の締固め機械を使用し，構造物縁部などについてはソイルコンパクタや (ニ) ランマ などの小型締固め機械により入念に締め固めなければならない。

ソイルコンパクタ

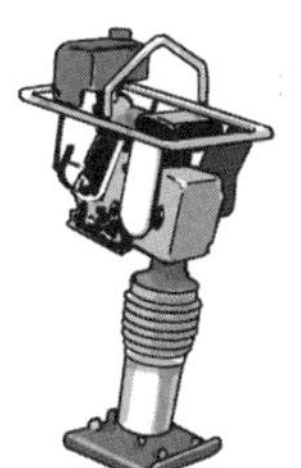
ランマ

⑷ 裏込め部においては，雨水が流入したり，たまりやすいので，工事中は雨水の流入をできるだけ防止するとともに，浸透水に対しては，(ホ) 地下排水溝 を設けて処理をすることが望ましい。

(イ)	(ロ)	(ハ)	(ニ)	(ホ)
非圧縮性	少ない	20	ランマ	地下排水溝

30 年度 必須問題　土 工

文章記述問題

軟弱地盤対策工法に関する**次の工法から 2 つ選び，工法名とその工法の特徴**についてそれぞれ解答欄に記述しなさい。

- 盛土載荷重工法
- サンドドレーン工法
- 発泡スチロールブロック工法
- 深層混合処理工法（機械かくはん方式）
- 押え盛土工法

解 説

■軟弱地盤対策工法と工法の特徴の記述問題

軟弱地盤対策工については，**「道路土工－軟弱地盤対策工指針」6−2 軟弱地盤対策及び工法の選定　(2)対策工法の種類**に示されている。

解答例

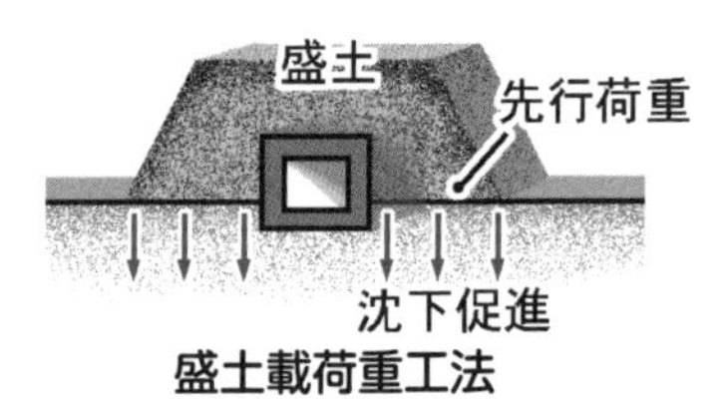

盛土載荷重工法

計画地盤にあらかじめ盛土荷重をかけて沈下を促進した後に構造物を造り，沈下を軽減させ，地盤の強度増加を図る。

サンドドレーン工法

地盤中に適当な間隔で鉛直方向に砂柱などを設置し，水平方向の圧密排水距離を短縮し，圧密沈下を促進し併せて強度増加を図る。

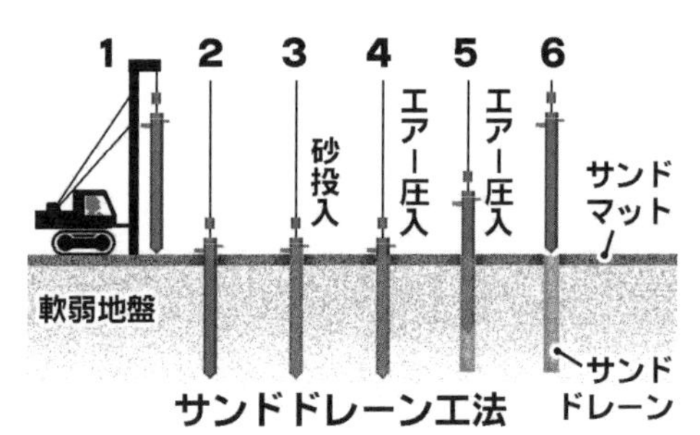

発泡スチロールブロック工法

発泡スチロール等の軽量ブロックを積み重ねることにより，荷重を軽減し沈下を防止する。

発泡スチロールブロック工法

深層混合処理工法（機械かくはん方式）

セメントや石灰などの安定材と原地盤の土を機械により撹拌混合し地盤を固結させ，地盤の強度を上げる。

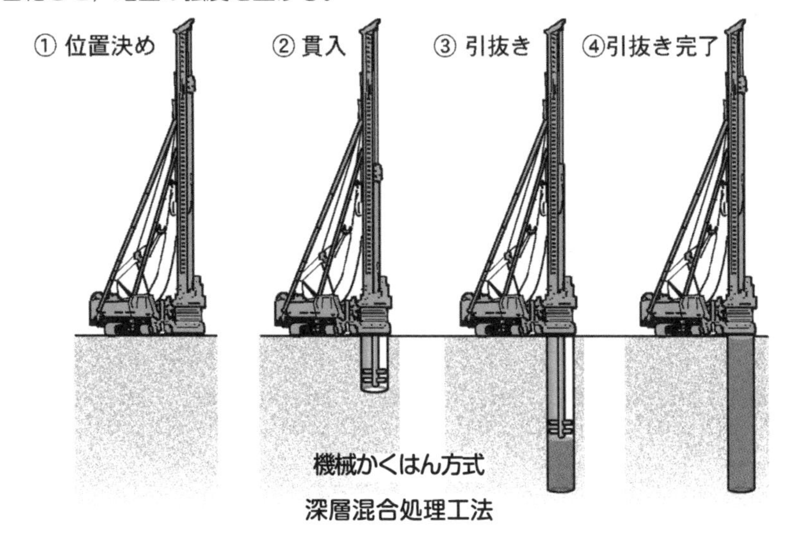

深層混合処理工法

押え盛土工法

盛土の側方に押え盛土をして，すべりに抵抗するモーメントを増加させて，盛土のすべり破壊を防止する。

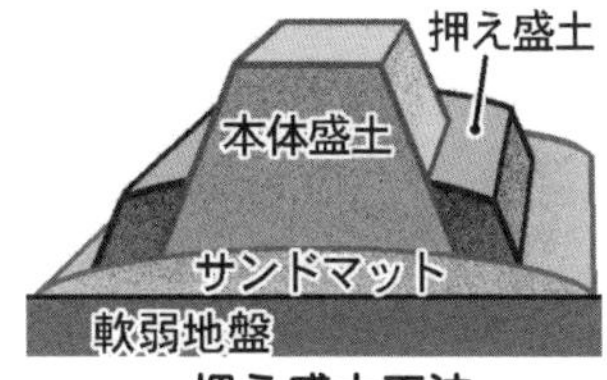

押え盛土工法

上記について，**2つを選定し記述する。**

29 年度 必須問題　　土 工

穴埋め問題

切土の施工に関する次の文章の［　　］の（イ）～（ホ）に当てはまる**適切な語句を，下記の語句から選び**解答欄に記入しなさい。

(1) 施工機械は，地質・［（イ）］条件，工事工程などに合わせて最も効率的で経済的となるよう選定する。

(2) 切土の施工中にも，雨水による法面［（ロ）］や崩壊・落石が発生しないように，一時的な法面の排水，法面保護，落石防止を行うのがよい。

(3) 地山が土砂の場合の切土面の施工にあたっては，丁張にしたがって［（ハ）］から余裕をもたせて本体を掘削し，その後，法面を仕上げるのがよい。

(4) 切土法面では［（イ）］・岩質・法面の規模に応じて，高さ 5～10 m ごとに 1～2 m 幅の［（ニ）］を設けるのがよい。

(5) 切土部は常に［（ホ）］を考えて適切な勾配をとり，かつ切土面を滑らかに整形するとともに，雨水などが湛水しないように配慮する。

［語句］

浸食，	親綱，	仕上げ面，	日照，	補強，
地表面，	水質，	景観，	小段，	粉じん，
防護柵，	表面排水，	越水，	垂直面，	土質

解説

■切土の施工についての語句の記入

切土の施工に関しては，**「道路土工－切土工・斜面安定工指針」**に示されている。

解答例

⑴ 施工機械は，地質・ **（イ）土質** 条件，工事工程などに合わせて最も効率的で経済的となるよう選定する。

⑵ 切土の施工中にも，雨水による法面 **（ロ）浸食** や崩壊・落石が発生しないように，一時的な法面の排水，法面保護，落石防止を行うのがよい。

⑶ 地山が土砂の場合の切土面の施工にあたっては，丁張にしたがって **（ハ）仕上げ面** から余裕をもたせて本体を掘削し，その後，法面を仕上げるのがよい。

⑷ 切土法面では **（イ）土質** ・岩質・法面の規模に応じて，高さ 5～10 m ごとに 1～2 m 幅の **（ニ）小段** を設けるのがよい。

⑸ 切土部は常に **（ホ）表面排水** を考えて適切な勾配をとり，かつ切土面を滑らかに整形するとともに，雨水などが湛水しないように配慮する。

(イ)	(ロ)	(ハ)	(ニ)	(ホ)
土質	浸食	仕上げ面	小段	表面排水

29 年度 必須問題　土　工

文章記述問題

軟弱地盤対策工法に関する**次の工法から 2 つ選び，工法名とその工法の特徴についてそれぞれ**解答欄に記述しなさい。

・サンドマット工法
・緩速載荷工法
・地下水位低下工法
・表層混合処理工法
・掘削置換工法

解　説

■軟弱地盤対策工法と工法の特徴の記述問題

軟弱地盤対策工については，**「道路土工－軟弱地盤対策工指針」6―2 軟弱地盤対策及び工法の選定　⑵対策工法の種類**に示されている。

解答例

工法名	工法の特徴
サンドマット工法	軟弱地盤上に透水性のよい砂を敷くことにより，トラフィカビリティーの確保と圧密排水を促進し，地盤からの排水経路として使用する工法である。
緩速載荷工法	盛土の施工にあたって地盤が破壊しない範囲で，時間をかけてゆっくり盛土高を高める工法である。
地下水位低下工法	ウェルポイント等により地盤中の地下水位を低下させることにより，それまで受けていた浮力に相当する荷重を下層の軟弱層に載荷して，圧密沈下を促進し地盤の強度増加をはかる工法である。
表層混合処理工法	基礎地盤の表面を石灰やセメントで混合処理し強度を高める工法で，安定材によりせん断変形を抑制する。
掘削置換工法	軟弱層の一部又は全部を除去し，良質材で置き換える工法で，置き換えによりせん断抵抗が付与される。

上記について，**2 つを選定し記述する。**

28 年度 必須問題　　土　工

穴埋め問題

盛土の締固め作業及び締固め機械に関する次の文章の［　　］の(イ)～(ホ)に当てはまる**適切な語句を，下記の語句から選び**解答欄に記入しなさい。

(1) 盛土材料としては，破砕された岩から高含水比の［(イ)］にいたるまで多種にわたり，また，同じ土質であっても［(ロ)］の状態で締固めに対する方法が異なることが多い。

(2) 締固め機械としてのタイヤローラは，機動性に優れ，種々の土質に適用できるなどの点から締固め機械として最も多く使用されている。
一般に砕石等の締固めには，［(ハ)］を高くして使用している。
施工では，タイヤの［(ハ)］は載荷重及び空気圧により変化させることができ，［(ニ)］を載荷することによって総重量を変えることができる。

(3) 振動ローラは，振動によって土の［(ホ)］を密な配列に移行させ，小さな重量で大きな効果を得ようとするもので，一般に粘性に乏しい砂利や砂質土の締固めに効果がある。

[語句]

バラスト，	扁平率，	粒径，	鋭敏比，	接地圧，
透水係数，	粒度，	粘性土，	トラフィカビリティー，	砕石，
岩塊，	含水比，	耐圧，	粒子，	バランス

解　説

■盛土の締固め作業及び締固め機械についての語句の記入

盛土の施工に関しては，**「道路土工－盛土工指針」**に示されている。

解答例

⑴　盛土材料としては，破砕された岩から高含水比の［（イ）粘性土］にいたるまで多種にわたり，また，同じ土質であっても［（ロ）含水比］の状態で締固めに対する方法が異なることが多い。

⑵　締固め機械としてのタイヤローラは，機動性に優れ，種々の土質に適用できるなどの点から締固め機械として最も多く使用されている。

一般に砕石等の締固めには，［（ハ）接地圧］を高くして使用している。

施工では，タイヤの［（ハ）接地圧］は載荷重及び空気圧により変化させることができ，［（ニ）バラスト］を載荷することによって総重量を変えることができる。

⑶　振動ローラは，振動によって土の［（ホ）粒子］を密な配列に移行させ，小さな重量で大きな効果を得ようとするもので，一般に粘性に乏しい砂利や砂質土の締固めに効果がある。

タイヤローラ

振動ローラ

（イ）	（ロ）	（ハ）	（ニ）	（ホ）
粘性土	含水比	接地圧	バラスト	粒子

28年度 必須問題　土工

文章記述問題

盛土や切土の法面を被覆し，法面の安定を確保するために行う**法面保護工の工法名を5つ**解答欄に記述しなさい。
ただし，解答欄の記入例と同一内容は不可とする。

解説

■盛土や切土の法面を被覆し，法面の安定を確保するために行う法面保護工の工法名の記述問題

法面保護工については，**「道路土工－切土工・斜面安定工指針」8-1 のり面保護工の種類と目的**に示されている。

解答例

	工法名
法面保護工	ブロック張工，コンクリート張工，コンクリート擁壁工，現場打ちコンクリート枠工，石積・ブロック積み擁壁工，石張工，張芝工，植生基材吹付工等

上記について，**5つを選定し記述する。**

27年度 必須問題　土　工

穴埋め問題

土工に関する次の文章の［　　］の（イ）～（ホ）に当てはまる**適切な語句又は数値を，下記の語句又は数値から選び**解答欄に記入しなさい。

(1) 土量の変化率（L）は，［（イ）］(m^3)／地山土量（m^3）で求められる。

(2) 土量の変化率（C）は，［（ロ）］(m^3)／地山土量（m^3）で求められる。

(3) 土量の変化率（L）は，土の［（ハ）］計画の立案に用いられる。

(4) 土量の変化率（C）は，土の［（ニ）］計画の立案に用いられる。

(5) 300 m^3 の地山土量を掘削し，運搬して締め固めると［（ホ）］m^3 となる。
ただし，L＝1.2，C＝0.8とし，運搬ロスはないものとする。

［語句又は数値］

補正土量，	配分，	累加土量，	保全，	運搬，
200，	掘削土量，	資材，	ほぐした土量，	250，
締め固めた土量，	安全，	240，	労務，	残土量

解　説

■土量変化率についての語句の記入

土量変化率に関しては，**「道路土工要綱」5－3－2　土量の配分計画 ⑴土量の変化**に示されている。

解答例

⑴　土量の変化率（L）は，**(イ)** ほぐした土量（m³）／地山土量（m³）で求められる。

⑵　土量の変化率（C）は，**(ロ)** 締め固めた土量（m³）／地山土量（m³）で求められる。

⑶　土量の変化率（L）は，土の **(ハ)** 運搬 計画の立案に用いられる。

⑷　土量の変化率（C）は，土の **(ニ)** 配分 計画の立案に用いられる。

⑸　300 m³ の地山土量を掘削し，運搬して締め固めると **(ホ)** 240 m³ となる。

（$300 \times C = 300 \times 0.8 = 240$）

(イ)	(ロ)	(ハ)	(ニ)	(ホ)
ほぐした土量	締め固めた土量	運搬	配分	240

27年度 必須問題　土工

文章記述問題

軟弱な基礎地盤に盛土を行う場合に，盛土の沈下対策又は盛土の安定性の確保に**効果のある工法名を5つ**解答欄に記入しなさい。

ただし，解答欄の記入例と同一内容は不可とする。

解説

■軟弱地盤における，盛土の沈下対策又は盛土の安定性の確保に効果のある工法名の記述

軟弱地盤対策工法については，**「道路土工－軟弱地盤対策工指針」**に示されている。

解答例

効果	工　法　名
沈下対策	載荷重工法，バーチカルドレーン工法，サンドコンパクション工法
安定性の確保	表層処理工法，押え盛土工法，置換工法，振動締め固め工法

上記について，**5つを選定し記述する。**

26 年度 必須問題　　土　工

穴埋め問題

盛土の施工に関する次の文章の [　　] に当てはまる**適切な語句を下記の語句から選び**，解答欄に記入しなさい。

(1) 盛土に用いる材料は，敷均しや締固めが容易で締固め後のせん断強度が [（イ）]，[（ロ）] が小さく，雨水などの浸食に強いとともに，吸水による [（ハ）] が低いことが望ましい。

(2) 盛土材料が [（ニ）] で法面勾配が 1：2.0 程度までの場合には，ブルドーザを法面に丹念に走らせて締め固める方法もあり，この場合，法尻にブルドーザのための平地があるとよい。

(3) 盛土法面における法面保護工は，法面の長期的な安定性確保とともに自然環境の保全や修景を主目的とする点から，初めに法面 [（ホ）] 工の適用について検討することが望ましい。

［語句］ 擁壁，　高く，　せん断力，　有機質，　伸縮性，
良質，　粘性，　低く，　膨潤性，　岩塊，
湿潤性，　緑化，　圧縮性，　水平，　モルタル吹付

経験記述 1　土工 2　コンクリート 3　品質管理 4　安全管理 5　施工計画 6　環境保全対策等 7

解説

■盛土の施工についての語句の記入

盛土の施工に関しては，「道路土工－盛土工指針」4－6　盛土材料　⑴盛土材料の選定，「道路土工－施工指針」4－4－2　盛土のり面の施工　⑵盛土のり面の施工，「道路土工－切土工・斜面安定工指針」8－2　のり面保護工の選定基準⑵に示されている。

解答例

⑴　盛土に用いる材料は，敷均しや締固めが容易で締固め後のせん断強度が **(イ) 高く**，**(ロ) 圧縮性** が小さく，雨水などの浸食に強いとともに，吸水による **(ハ) 膨潤性** が低いことが望ましい。

⑵　盛土材料が **(ニ) 良質** で法面勾配が1：2.0程度までの場合には，ブルドーザを法面に丹念に走らせて締め固める方法もあり，この場合，法尻にブルドーザのための平地があるとよい。

⑶　盛土法面における法面保護工は，法面の長期的な安定性確保とともに自然環境の保全や修景を主目的とする点から，初めに法面 **(ホ) 緑化** 工の適用について検討することが望ましい。

法面緑化工
写真提供：ピクスタ

(イ)	(ロ)	(ハ)	(ニ)	(ホ)
高く	圧縮性	膨潤性	良質	緑化

26年度 必須問題　　土 工

文章記述問題

盛土に高含水比の現場発生土を使用する場合，**下記の⑴，⑵についてそれぞれ１つ**解答欄に記述しなさい。

⑴　土の含水量の調節方法
⑵　敷均し時の施工上の留意点

解　説

■盛土に高含水比の現場発生土を使用する場合の記述問題

盛土の施工に関しては，**「道路土工－盛土工指針」5－3　敷均し及び含水量調節　⑵高含水比の盛土材料の敷均し，⑸含水量の調節**に示されている。

解答例

	問　題	記　述　例
⑴	土の含水量の調節方法	①敷き均し，かき起こし等により，ばっ気乾燥させる。 ②一定の高さごとに透水性の良い山砂などで排水層を設ける。 ③土取り場の作業面より下にトレンチを設け，地下水位を下げ含水比を下げる。
⑵	敷均し時の施工上の留意点	①湿地ブルドーザ等のわだち掘れやこね返しの少ない機種を使用する。 ②高まきを避け，薄い層で敷き均していく。 ③敷き均し厚が均等になるように管理する。

⑴，⑵について**それぞれ１つ記述する。**

MEMO

2級土木施工管理技術検定　第２次検定

3
コンクリート

第2次検定

3 コンクリート

過去9年間 出題内容及び傾向と対策

年度	主な設問内容		
令和4年	必須問題	問題4	コンクリートの養生の役割，方法について適切な語句を記入する。
	選択問題	問題7	レディーミクストコンクリートの受入れ検査について適切な語句又は数値を記入する。
令和3年	必須問題	問題2	フレッシュコンクリートの仕上げ，養生，打継目に関して適切な語句・数値を記入する。
	必須問題	問題5	コンクリートの打込み時，締固め時に留意すべき事項を記述する。
令和2年	必須問題	問題4	コンクリートの打込み，締固め，養生に関して適切な語句を記入する。
	必須問題	問題5	コンクリートに関する用語とその説明について記述する。
令和元年	必須問題	問題4	コンクリートの打込みにおける型枠の施工に関して適切な語句を記入する。
	必須問題	問題5	コンクリートの施工に関しての記述で，適切でない箇所を訂正して記入する。
平成30年	必須問題	問題4	フレッシュコンクリートの仕上げ，養生及び硬化したコンクリートの打継目に関して適切な語句を記入する。
	必須問題	問題5	コンクリートに関する用語とその説明について記述する。
平成29年	必須問題	問題4	コンクリートの打継ぎの施工に関して適切な語句を記入する。
	必須問題	問題5	コンクリートに関する用語とその説明について記述する。
平成28年	必須問題	問題4	コンクリート用混和剤に関して適切な語句・数値を記入する。
	必須問題	問題5	施工管理における鉄筋工及び型枠工について記述する。
平成27年	必須問題	問題4	鉄筋の加工・組立に関して適切な語句・数値を記入する。
	必須問題	問題5	コンクリート養生の役割，具体的方法について記述する。
平成26年	①コンクリートの打継目に関して適切な語句を記入する。		
	②コンクリートの用語に関しての説明を記述する。		

傾　向

（◎最重要項目　○重要項目　□基本項目　※予備項目）

出題項目	令和4年	令和3年	令和2年	令和元年	平成30年	平成29年	平成28年	平成27年	平成26年	重点
コンクリートの施工		○	○	○						○
コンクリートの養生	○	○	○		○			○		◎
型枠，支保工				○			○			□
鉄筋の加工組立							○	○		□
コンクリートの打継目		○			○	○			○	○
コンクリート用語・名称			○		○	○			○	○
コンクリートの劣化										※
コンクリート材料・混和剤							○			□
コンクリートの品質	○									□
暑中，寒中コンクリート										※

対　策

運搬，打込み，締固め

「運搬」，「打込み」，「締固め」のいずれかの項目に関して，必ず出題されるものとして，整理をしておく。

運搬

現場までの運搬／コンクリートポンプ／バケット／シュート

打込み

横移動禁止／連続打込み／水平打込み／２層の打込み／コールドジョイント

締固め

内部振動機の使用／下層への挿入／挿入間隔／横移動禁止

養生，型枠，鉄筋及び打継目

「コンクリート」の基本項目で，下記の基礎知識を把握しておく。

養生

湿潤養生／膜養生／温度制御養生

型枠

設置／取外し／点検

鉄筋

継手位置／曲げ加工／組立用鋼材／かぶり／スペーサ

打継目

継目位置／水平打継目／鉛直打継目／伸縮継目

コンクリートの用語・名称

ほぼ隔年ごとに出題されるので，整理をしておく。

レディーミクストコンクリート

レディーミクストコンクリートを主とした品質に関しては数年毎に出題される。

品質規定

圧縮強度／空気量／スランプ／塩化物含有量／アルカリ骨材反応

耐久性照査

ひび割れ／凍結融解作用／中性化／化学侵食作用／温度変化／水密性

コンクリート構造物の劣化機構

今後出題が多くなる可能性が高い。

中性化

二酸化炭素／鋼材腐食／ひび割れ／はく離

塩　害

塩化物イオン／鋼材腐食／ひび割れ／はく離

凍　害

凍結融解作用／スケーリング／ポップアウト

アルカリシリカ反応

反応性骨材／アルカリ性水溶液／異常膨張／ひび割れ

その他の項目

出題頻度は少ないが，「コンクリート標準示方書」の改定に伴い，今後の出題可能性を含め，下記の基礎知識は把握しておく。

他のコンクリート

寒中コンクリート／暑中コンクリート／マスコンクリート

コンクリート材料

セメント／練混ぜ水／細骨材／粗骨材／混和材／混和剤

チェックポイント

コンクリートの施工

コンクリートの施工における，各項目の留意点を下記に示す。

1 練混ぜから打終わりまでの時間

外気温 25℃以下のとき 2 時間以内，25℃を超えるときは 1.5 時間以内とする。

2 現場までの運搬

トラックミキサあるいはトラックアジテータを使用して運搬する。

レディーミクストコンクリートは，練混ぜ開始から荷卸しまでの時間は 1.5 時間以内とする。

3 現場内での運搬

①コンクリートポンプ

管径は大きいほど圧送負荷は小さいが，作業性は低下する。また，コンクリートポンプの配管経路は短く，曲がりの数を少なくし，コンクリートの圧送に先立ち先送りモルタルを圧送し配管内面の潤滑性を確保する。

②バケット

材料分離の起こりにくいものとする。

③シュート

縦シュートの使用を原則とし，コンクリートが 1 箇所に集まらないようにし，やむを得ず斜めシュートを用いる場合は水平 2 に対し鉛直 1 程度を標準とする。また，使用前後に水洗いし，使用に先がけてモルタルを流下させる。

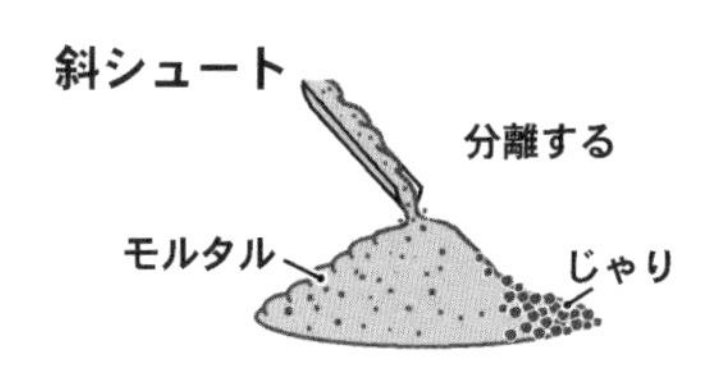

④コンクリートプレーサ

輸送管内のコンクリートを圧縮空気で圧送するもので，水平あるいは上向きの配管とし，下り勾配としてはならない。

⑤ベルトコンベア

終端にはバッフルプレート及び漏斗管を設ける。

⑥手押し車やトロッコ

運搬距離は 50～100 m 以下とする。

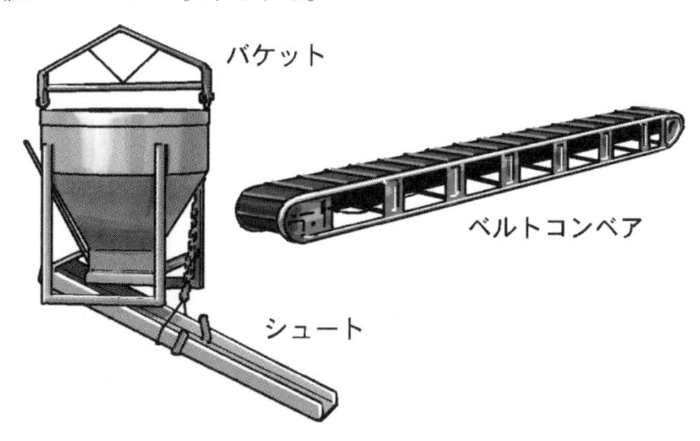

4 打込み

①準　備

鉄筋や型枠の配置を確認し，型枠内にたまった水はとり除く。

②打込み作業

鉄筋の配置や型枠を乱さない。

③打込み位置

目的の位置に近いところにおろし，型枠内で横移動させない。

④1 区画内での打込み

1 区画内では完了するまで連続で打ち込み，ほぼ水平に打ち込む。

⑤2 層以上の打込み

各層のコンクリートが一体となるように施工し，許容打重ね時間の間隔は，外気温 25℃以下の場合は 2.5 時間，25℃を超える場合は 2.0 時間とする。

⑥1 層当たりの打込み高さ

打込み高さは 40〜50 cm 以下を標準とする。

⑦落下高さ

吐出し口から打込み面までの高さは 1.5 m 以下を標準とする。

⑧打上がり速度

30 分当たり 1.0〜1.5 m 以下を標準とする。

⑨ブリーディング水

表面にブリーディング水がある場合は，これを取り除く。

⑩打込み順序

壁又は柱のコンクリートの沈下がほぼ終了してからスラブ又は梁のコンクリートを打ち込む。

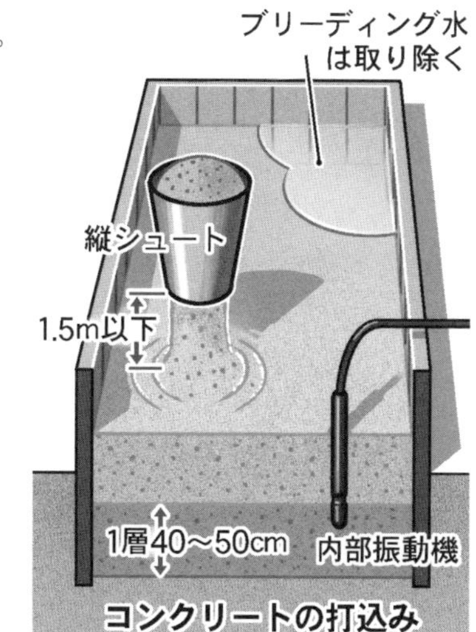

コンクリートの打込み

5 締固め

①締固め方法

原則として内部振動機を使用する。

②内部振動機

下層のコンクリート中に 10 cm 程度挿入し，間隔は 50 cm 以下とする。また，横移動に使用してはならない。

③振動時間

1 箇所あたりの振動時間は 5～15 秒とし，引き抜くときは徐々に引き抜き，後に穴が残らないようにする。

6 仕上げ

①表面仕上げ

打上がり面はしみ出た水がなくなるか，又は上面の水を取り除いてから仕上げる。

②ひび割れ

コンクリートが固まり始めるまでに発生したひび割れは，タンピング又は再仕上げにより修復する。

7 養 生

①養生の目的及び方法

以下の 3 項目に分類する。

❶湿潤に保つ

水中，湛水，散水，湿布（マット，むしろ），湿砂，膜養生（油脂系，樹脂系）

❷温度を制御する

マスコンクリート（湛水，パイプクーリング），寒中コンクリート（断熱，蒸気，電熱），暑中コンクリート（散水，シート），促進養生（蒸気，オートクレーブ，給熱）

❸有害な作用に対して保護する

振動，衝撃，荷重，海水等から保護する。

②湿潤養生期間

表面を荒らさないで作業ができる程度に硬化したら，次表に示す養生期間を保たなければならない。

日平均気温	普通ポルトランドセメント	混合セメントB種	早強ポルトランドセメント
15℃以上	5 日	7 日	3 日
10℃以上	7 日	9 日	4 日
5℃以上	9 日	12 日	5 日

③せき板

乾燥するおそれのあるときは，これに散水し湿潤状態にしなければならない。

④膜養生

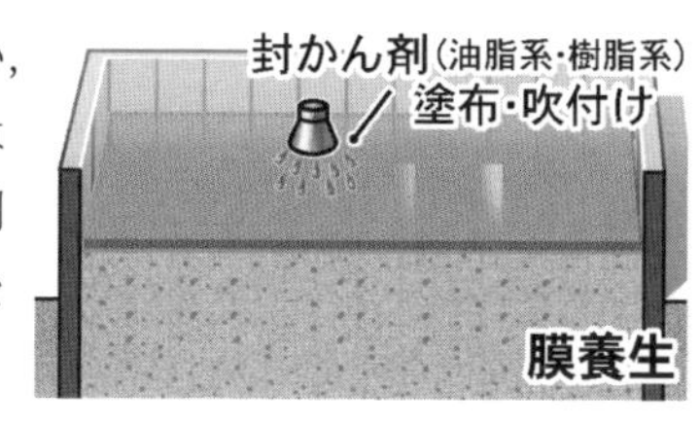

コンクリート表面の水光りが消えた直後に行い，散布が遅れるときは，膜養生剤を散布するまではコンクリートの表面を湿潤状態に保ち，膜養生剤を散布する場合には，鉄筋や打継目等に付着しないようにする必要がある。

⑤寒中コンクリート

保温養生あるいは給熱養生が終わった後，温度の高いコンクリートを急に寒気にさらすと，コンクリートの表面にひび割れが生じるおそれがある。適当な方法で保護し，表面が徐々に冷えるようにする。

⑥暑中コンクリート

直射日光や風にさらされると急激に乾燥してひび割れを生じやすい。打込み後は速やかに養生する必要がある。

8 型枠・支保工

型枠を取り外してよい時期は，下表のように規定されている。

部材面の種類	例	コンクリートの圧縮強度 (N/mm^2)
厚い部材の鉛直に近い面，傾いた上面，小さいアーチの外面	フーチングの側面	3.5
薄い部材の鉛直又は鉛直に近い面，45°より急な傾きの下面，小さいアーチの内面	柱，壁，はりの側面	5.0
橋，建物等のスラブ及びはり，45°より緩い傾きの下面	スラブ，はりの底面，アーチの内面	14.0

転　用

型枠（せき板）は，転用して使用することが前提となり，一般に転用回数は，合板の場合5回程度，プラスティック型枠の場合20回程度，鋼製型枠の場合30回程度を目安とする。

コンクリートの継目の施工

コンクリートの施工における，各項目の留意点を下記に示す。

1 打継目

①位　置

せん断力の小さい位置に設け，打継面を部材の圧縮力の作用方向と直交させる。

②計　画

温度応力，乾燥収縮等によるひび割れの発生について考慮する。

③水密性

水密性を要するコンクリートは適切な間隔で打継目，止水板を設ける。

2 水平打継目

①コンクリートの打継ぎ

既に打込まれたコンクリート表面のレイタンス等を取り除き，十分に吸水させる。

②型枠に接する線

できるだけ水平な直線となるようにする。

③コンクリートの締固め

型枠を確実に締め直し，既設コンクリートと打設コンクリートが密着するように締固める。

3 鉛直打継目

旧コンクリート面をワイヤブラシ，チッピング等で粗にし，セメントペースト，モルタルを塗り，一体性を高める。

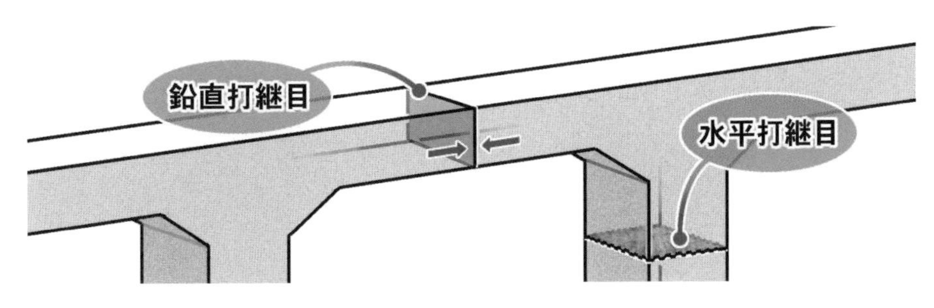

鉄筋の継目の施工

鉄筋の施工における，各項目の留意点を下記に示す。

1 継　手

①位　置

できるだけ応力の大きい断面を避け，同一断面に集めないことを原則とする。

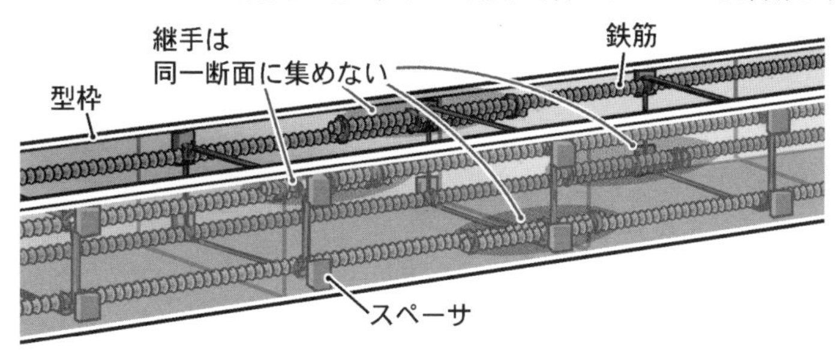

②重ね合せの長さ

鉄筋径の 20 倍以上とする。

③重ね合せ継手

直径 0.8 mm 以上の焼なまし鉄線で数箇所緊結する。

④継手の種類

ガス圧接継手，溶接継手，機械式継手

⑤ガス圧接継手

圧接面の面取り，鉄筋径 1.4 倍以上のふくらみ，有資格者による圧接

2 加工・組立

①加　工

常温で加工するのを原則とする。

②溶　接

鉄筋は，原則として溶接してはならない。やむを得ず溶接し，溶接した鉄筋を曲げ加工する場合には，溶接した部分を避けて曲げ加工しなければならない。また，曲げ加工した鉄筋の曲げ戻しは一般に行わないのがよい。

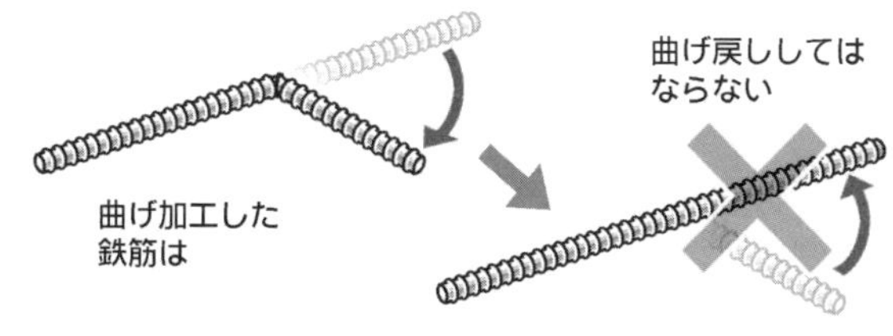

経験記述 1　土工 2　コンクリート 3　品質管理 4　安全管理 5　施工計画 6　環境保全対策等 7

③組立用鋼材

鉄筋の位置を固定するために必要なばかりでなく，組立を容易にする点からも有効である。

④かぶり

鋼材（鉄筋）の表面からコンクリート表面までの最短距離で計測したコンクリートの厚さである。

⑤鉄筋の組立

型枠に接するスペーサはモルタル製あるいはコンクリート製を使用する。

コンクリートの品質規定

コンクリートは各項目ごとに下記のとおり，品質の規定がされている。

1 圧縮強度

強度は材齢 28 日における標準養生供試体の試験値で表し，1 回の試験結果は，呼び強度の強度値の 85%以上で，かつ 3 回の試験結果の平均値は，呼び強度の強度値以上とする。

2 空気量

下表のとおりとする。 (単位：%)

コンクリートの種類	空気量	空気量の許容差
普通コンクリート	4.5	±1.5
軽量コンクリート	5.0	
舗装コンクリート	4.5	

3 スランプ

下表のとおりとする。 (単位： cm)

スランプ	2.5	5 及び 6.5	8 以上 18 以下	21
スランプの誤差	±1	±1.5	±2.5	±1.5

コンクリートのスランプ試験

4 塩化物含有量

塩化物イオン量として 0.30 kg/m³ 以下とする。(承認を受けた場合は 0.60 kg/m³ 以下とできる。)

5 アルカリ骨材反応の防止・抑制対策

・アルカリシリカ反応性試験（化学法及びモルタルバー法）で無害と判定された骨材を使用して防止する。

・コンクリート中のアルカリ総量を Na_2O 換算で 3.0 kg/m³ 以下に抑制する。

・混合セメント（高炉セメント（B種，C種），フライアッシュセメント（B種，C種））を使用して抑制する。あるいは高炉スラグやフライアッシュ等の混和材をポルトランドセメントに混入した結合材を使用して抑制する。

コンクリートの材料

コンクリートの材料としては，下記に分類される。

1 セメント

①ポルトランドセメント

普通・早強・超早強・中庸熱・低熱・耐硫酸塩ポルトランドセメント（低アルカリ形）の 6 種類

②混合セメント

以下の 4 種類が JIS に規定されている。

❶**高炉セメント**：A 種・B 種・C 種の 3 種類

❷**フライアッシュセメント**：A 種・B 種・C 種の 3 種類

❸**シリカセメント**：A 種・B 種・C 種の 3 種類

❹**エコセメント**：普通エコセメント，速硬エコセメントの 2 種類

③その他特殊なセメント

超速硬セメント，超微粉末セメント，アルミナセメント，油井セメント，地熱セメント，白色ポルトランドセメント，カラーセメント

2 練混ぜ水

・上水道水，河川水，湖沼水，地下水，工業用水（ただし，鋼材を腐食させる有害物質を含まない水）

・回収水（「レディーミクストコンクリート」付属書に適合したもの）

・海水は使用してはならない。(ただし，用心鉄筋を配置しない無筋コンクリートの場合は可)

3 骨　材

①細骨材の種類

砕砂，高炉スラグ細骨材，フェロニッケルスラグ細骨材，銅スラグ細骨材，電気炉酸化スラグ細骨材，再生細骨材

②粗骨材の種類

砕石，高炉スラグ粗骨材，電気炉酸化スラグ粗骨材，再生粗骨材

③吸水率及び表面水率

骨材の含水状態による呼び名は,「絶対乾燥（絶乾）状態」,「空気中乾燥（気乾）状態」,「表面乾燥飽水（表乾）状態」,「湿潤状態」の 4 つで表す。示方配合では,「表面乾燥飽水（表乾）状態」が吸水率や表面水率を表すときの基準とされる。

4 混和材料

塩化物イオン量として 0.30 kg/m^3 以下とする。(承認を受けた場合は 0.60 kg/m^3 以下とできる)

①混和材

コンクリートのワーカビリティーを改善し，単位水量を減らし，水和熱による温度上昇を小さくすることができる。主な混和材としてフライアッシュ，シリカフューム，高炉スラグ微粉末，石灰石微粉末等がある。

②混和剤

ワーカビリティー，凍霜害性を改善するものとして AE 剤，AE 減水剤等，単位水量及び単位セメント量を減少させるものとして減水剤や AE 減水剤等，その他高性能減水剤，流動化剤，硬化促進剤等がある。

他のコンクリート

コンクリートの材料としては，下記に分類される。

1 寒中コンクリート

・日平均気温が 4℃以下になることが予想されるときは，寒中コンクリートとして施工する。
・セメントはポルトランドセメント及び混合セメントB種を用いる。
・配合は AE コンクリートとする。
・打込み時のコンクリート温度は 5～20℃の範囲とする。
・コンクリートを練混ぜはじめてから打ち終わるまでの時間はできるだけ短くする。

2 暑中コンクリート

・日平均気温が 25℃を超えることが想定されるときは，暑中コンクリートとして施工する。
・打込みは練混ぜ開始から打ち終わるまでの時間は 1.5 時間以内を原則とする。
・打込み時のコンクリートの温度は 35℃以下とする。

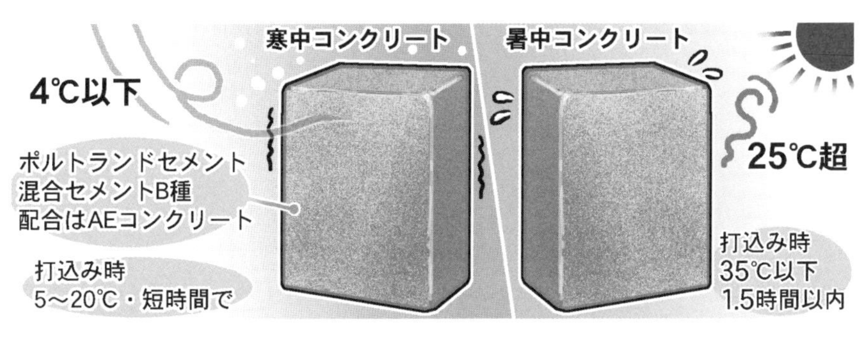

3 マスコンクリート

・マスコンクリートとして取り扱う構造物の部材寸法は，広がりのあるスラブについて 80～100 cm 以上，下端が拘束された壁で厚さ50 cm 以上とする。
・温度ひび割れの防止あるいはひび割れの幅，間隔及び発生位置の制御を行う。
・一般には中庸熱ポルトランドセメント，低熱ポルトランドセメント，高炉セメント，フライアッシュセメントなどの低発熱型のセメントを使用する。

過去8年間の問題と解説・解答例

令和3年度 必須問題　コンクリート

穴埋め問題

フレッシュコンクリートの仕上げ，養生，打継目に関する次の文章の［　　］の（イ）～（ホ）に当てはまる**適切な語句又は数値を，次の語句又は数値から選び**解答欄に記入しなさい。

⑴ 仕上げ後，コンクリートが固まり始めるまでに，［（イ）］ひび割れが発生することがあるので，タンピング再仕上げを行い修復する。

⑵ 養生では，散水，湛水（たんすい），湿布で覆う等して，コンクリートを［（ロ）］状態に保つことが必要である。

⑶ 養生期間の標準は，使用するセメントの種類や養生期間中の環境温度等に応じて適切に定めなければならない。そのため，普通ポルトランドセメントでは日平均気温15℃以上で，［（ハ）］日以上必要である。

⑷ 打継目は，構造上の弱点になりやすく，［（ニ）］やひび割れの原因にもなりやすいため，その配置や処理に注意しなければならない。

⑸ 旧コンクリートを打ち継ぐ際には，打継面の［（ホ）］や緩んだ骨材粒を完全に取り除き，十分に吸水させなければならない。

［語句又は数値］

漏水，	1，	出来形不足，	絶乾，	疲労，
飽和，	2，	ブリーディング，	沈下，	色むら，
湿潤，	5，	エントラップトエアー	膨張，	レイタンス

解説

■フレッシュコンクリートの仕上げ，養生，打継目に関する語句の記入

「コンクリート標準示方書［施工編］」施工標準：7 章　運搬・打込み・締固めおよび仕上げ，　8 章　養生，9 章　継目」を参照する。

解答例

(1) 仕上げ後，コンクリートが固まり始めるまでに，**(イ) 沈下** ひび割れが発生することがあるので，タンピング再仕上げを行い修復する。

(2) 養生では，散水，湛水，湿布で覆う等して，コンクリートを **(ロ) 湿潤** 状態に保つことが必要である。

(3) 養生期間の標準は，使用するセメントの種類や養生期間中の環境温度等に応じて適切に定めなければならない。そのため，普通ポルトランドセメントでは日平均気温 15℃以上で，**(ハ) 5** 日以上必要である。

(4) 打継目は，構造上の弱点になりやすく，**(ニ) 漏水** やひび割れの原因にもなりやすいため，その配置や処理に注意しなければならない。

(5) 旧コンクリートを打ち継ぐ際には，打継面の **(ホ) レイタンス** や緩んだ骨材粒を完全に取り除き，十分に吸水させなければならない。

(イ)	(ロ)	(ハ)	(ニ)	(ホ)
沈下	湿潤	5	漏水	レイタンス

令和３年度 必須問題　コンクリート

文章記述問題

コンクリート構造物の施工(せこう)において，**コンクリートの打込み時，又は締固め時に留意すべき事項を２つ**，解答欄に記述しなさい。

解説

■コンクリート構造物の施工に関する語句の記入

「コンクリート標準示方書［施工編］」施工標準：7 章 運搬・打込み・締固めおよび仕上げを参照する。

解答例

項目	留意すべき事項
打込み時	・鉄筋や型枠が所定の位置から動かないようにする。 ・打ち込んだコンクリートは，型枠内で横移動させない。 ・打上がり面がほぼ水平になるように打ち込む。 ・打込みの 1 層の高さは 40～50 cm を標準とする。 ・打込み中に表面に集まったブリーディング水は，適当な方法で取り除いてから打ち込む。
締固め時	・締固めには，内部振動機を使用することを原則とする。 ・締固めには，内部振動機を下層のコンクリートに 10 cm 程度挿入する。 ・内部振動機は，なるべく鉛直に一様な間隔で差し込む。 ・内部振動機は横移動を目的として使用してはならない。 ・振動機を引き抜くときはゆっくりと，穴が残らないように引き抜く。

上記について，**２つを選定し記述する。**

令和２年度 必須問題　コンクリート

穴埋め問題

コンクリートの打込み，締固め，養生に関する次の文章の［　　］の（イ）～（ホ）にあてはまる**適切な語句を，次の語句から選び**解答欄に記入しなさい。

(1) コンクリートの打込み中，表面に集まった［（イ）］水は，適当な方法で取り除いてからコンクリートを打ち込まなければならない。

(2) コンクリート締固め時に使用する棒状バイブレータは，材料分離の原因となる［（ロ）］移動を目的に使用してはならない。

(3) 打込み後のコンクリートは，その部位に応じた適切な養生方法により一定期間は十分な［（ハ）］状態に保たなければならない。

(4) ［（ニ）］セメントを使用するコンクリートの［（ハ）］養生期間は，日平均気温 15℃以上の場合，5 日を標準とする。

(5) コンクリートは，十分に［（ホ）］が進むまで，［（ホ）］に必要な温度条件に保ち，低温，高温，急激な温度変化などによる有害な影響を受けないように管理しなければならない。

［語句］

硬化，	ブリーディング，	水中，	混合，	レイタンス，
乾燥，	普通ポルトランド，	落下，	中和化，	垂直，
軟化，	コールドジョイント，	湿潤，	横，	早強ポルトランド

解説

■コンクリートの打込み，締固め，養生に関しての語句の記入

「コンクリート標準示方書［施工編］」施工標準：7章　運搬・打込み・締固め，8章　養生を参照する。

解答例

⑴　コンクリートの打込み中，表面に集まった **(イ) ブリーディング** 水は，適当な方法で取り除いてからコンクリートを打ち込まなければならない。

⑵　コンクリート締固め時に使用する棒状バイブレータは，材料分離の原因となる **(ロ) 横** 移動を目的に使用してはならない。

⑶　打込み後のコンクリートは，その部位に応じた適切な養生方法により一定期間は十分な **(ハ) 湿潤** 状態に保たなければならない。

⑷　**(ニ) 普通ポルトランド** セメントを使用するコンクリートの **(ハ) 湿潤** 養生期間は，日平均気温15℃以上の場合，5日を標準とする。

⑸　コンクリートは，十分に **(ホ) 硬化** が進むまで，**(ホ) 硬化** に必要な温度条件に保ち，低温，高温，急激な温度変化などによる有害な影響を受けないように管理しなければならない。

(イ)	(ロ)	(ハ)	(ニ)	(ホ)
ブリーディング	横	湿潤	普通ポルトランド	硬化

令和２年度 必須問題　コンクリート

文章記述問題

コンクリートに関する次の用語から **２つ選び，用語とその用語の説明についてそれぞれ**解答欄に記述しなさい。

・コールドジョイント
・ワーカビリティー
・レイタンス
・かぶり

解説

■コンクリートに関する用語の記述問題

「コンクリート標準示方書［施工編］」施工標準：1 章 1.2 用語の定義を参照する。

解答例

用語	用語の説明
コールドジョイント	コンクリートを新・旧の層状に打ち込む場合に，先に打ち込んだコンクリートと後から打ち込んだコンクリートとの間が完全に一体化していない不連続面をいう。
ワーカビリティー	フレッシュコンクリートの打設時，材料分離を生じることなく，運搬，打込み，締固め，仕上げなどの作業が容易にできる程度をいう。
レイタンス	コンクリートの打設後，ブリーディングに伴い，内部の不純物が浮上し，コンクリート表面にできる薄い層をいう。
かぶり	鉄筋の表面からコンクリート表面までの最短距離で測ったコンクリートの厚さをいう。

上記について，**２つを選定し記述する。**

令和元年度 必須問題　コンクリート

穴埋め問題

コンクリートの打込みにおける型枠の施工に関する次の文章の［　　］の（イ）～（ホ）に当てはまる**適切な語句を，次の語句から選び**解答欄に記入しなさい。

(1) 型枠は，フレッシュコンクリートの［（イ）］に対して安全性を確保できるものでなければならない。また，せき板の継目はモルタルが［（ロ）］しない構造としなければならない。

(2) 型枠の施工にあたっては，所定の［（ハ）］内におさまるよう，加工及び組立てを行わなければならない。型枠が所定の間隔以上に開かないように，［（ニ）］やフォームタイなどの締付け金物を使用する。

(3) コンクリート標準示方書に示された，橋・建物などのスラブ及び梁の下面の型枠を取り外してもよい時期のコンクリートの［（ホ）］強度の参考値は 14.0 N/mm^2 である。

［語句］

スペーサ，	鉄筋，	圧縮，	引張り，	曲げ，
変色，	精度，	面積，	季節，	セパレータ，
側圧，	温度，	水分，	漏出，	硬化

解説

■コンクリートの打込みにおける型枠の施工に関しての語句の記入

「コンクリート標準示方書［施工編］」施工標準：11 章　型枠および支保工 11.6 型枠の施工を参照する。

解答例

⑴　型枠は，フレッシュコンクリートの **（イ）側圧** に対して安全性を確保できるものでなければならない。また，せき板の継目はモルタルが **（ロ）漏出** しない構造としなければならない。

⑵　型枠の施工にあたっては，所定の **（ハ）精度** 内におさまるよう，加工及び組立てを行わなければならない。型枠が所定の間隔以上に開かないように，**（ニ）セパレータ** やフォームタイなどの締付け金物を使用する。

⑶　コンクリート標準示方書に示された，橋・建物などのスラブ及び梁の下面の型枠を取り外してもよい時期のコンクリートの **（ホ）圧縮** 強度の参考値は 14.0 N/mm^2 である。

（イ）	（ロ）	（ハ）	（ニ）	（ホ）
側圧	漏出	精度	セパレータ	圧縮

訂正問題

コンクリートの施工に関する次の①～④の記述のいずれにも語句又は数値の誤りが文中に含まれている。**①～④のうちから 2 つ選び，その番号をあげ，誤っている語句又は数値と正しい語句又は数値**をそれぞれ解答欄に記述しなさい。

① コンクリートを打込む際のシュートや輸送管，バケットなどの吐出口と打込み面までの高さは 2.0 m 以下が標準である。

② コンクリートを棒状バイブレータで締固める際の挿入間隔は，平均的な流動性及び粘性を有するコンクリートに対しては，一般に 100 cm 以下にするとよい。

③ 打込んだコンクリートの仕上げ後，コンクリートが固まり始めるまでの間に発生したひび割れは，棒状バイブレータと再仕上げによって修復しなければならない。

④ 打込み後のコンクリートは，その部位に応じた適切な養生方法により一定期間は十分な乾燥状態に保たなければならない。

解 説

■コンクリートに関する用語の記述問題

「コンクリート標準示方書［施工編］」施工標準：7 章　運搬・打込み・締固めおよび仕上げを参照する。

解答例

① コンクリートを打込む際のシュートや輸送管，バケットなどの吐出口と打込み面までの高さは 2.0 (→1.5)m 以下が標準である。

② コンクリートを棒状バイブレータで締固める際の挿入間隔は，平均的な流動性及び粘性を有するコンクリートに対しては，一般に 100 (→50) cm 以下にするとよい。

③ 打込んだコンクリートの仕上げ後，コンクリートが固まり始めるまでの間に発生したひび割れは，棒状バイブレータ（→タンピング）と再仕上げによって修復しなければならない。

④ 打込み後のコンクリートは，その部位に応じた適切な養生方法により一定期間は十分な乾燥状態（→湿潤状態）に保たなければならない。

タンピング

番号	誤っている語句又は数値	正しい語句又は数値
①	2.0	1.5
②	100	50
③	棒状バイブレータ	タンピング
④	乾燥状態	湿潤状態

上記について，**2 つを選定し記述する。**

30年度 必須問題　コンクリート

穴埋め問題

フレッシュコンクリートの仕上げ，養生及び硬化したコンクリートの打継目に関する次の文章の［　　］の（イ）～（ホ）に当てはまる**適切な語句を，次の語句から選び**解答欄に記入しなさい。

⑴ 仕上げとは，打込み，締固めがなされたフレッシュコンクリートの表面を平滑に整える作業のことである。仕上げ後，ブリーディングなどが原因の［（イ）］ひび割れが発生することがある。

⑵ 仕上げ後，コンクリートが固まり始めるまでに，ひび割れが発生した場合は，［（ロ）］や再仕上げを行う。

⑶ 養生とは，打込み後一定期間，硬化に必要な適当な温度と湿度を与え，有害な外力などから保護する作業である。湿潤養生期間は，日平均気温が 15℃以上では［（ハ）］で 7 日と，使用するセメントの種類や養生期間中の温度に応じた標準日数が定められている。

⑷ 新コンクリートを打ち継ぐ際には，打継面の［（ニ）］や緩んだ骨材粒を完全に取り除き，十分に［（ホ）］させなければならない。

［語句］

水分，	普通ポルトランドセメント，	吸水，	乾燥収縮，
パイピング，	プラスチック収縮，	タンピング，	保温，
レイタンス，	混合セメント（B種），	ポンピング，	乾燥，
沈下，	早強ポルトランドセメント，	エアー	

解　説

■コンクリートの仕上げ，養生及び打継ぎの施工に関しての語句又は数値の記入

「コンクリート標準示方書［施工編］」施工標準：7 章　運搬・打込み・締固めおよび仕上げ，8 章 養生，9 章 継目を参照。

解答例

(1) 仕上げとは，打込み，締固めがなされたフレッシュコンクリートの表面を平滑に整える作業のことである。仕上げ後，ブリーディングなどが原因の **(イ) 沈下** ひび割れが発生することがある。

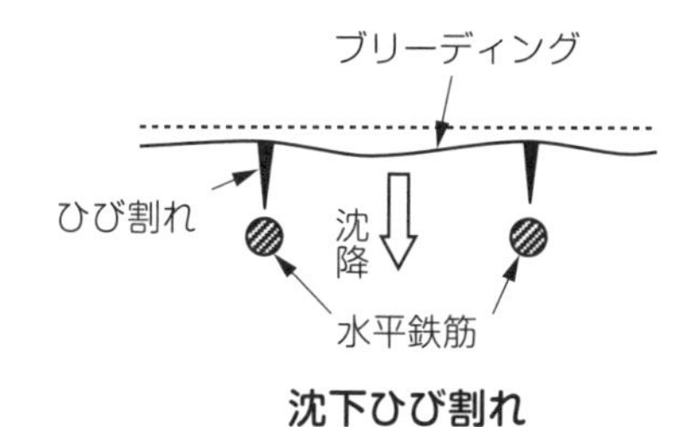

沈下ひび割れ

(2) 仕上げ後，コンクリートが固まり始めるまでに，ひび割れが発生した場合は，**(ロ) タンピング** や再仕上げを行う。

(3) 養生とは，打込み後一定期間，硬化に必要な適当な温度と湿度を与え，有害な外力などから保護する作業である。湿潤養生期間は，日平均気温が 15℃以上では **(ハ) 混合セメント（B種）** で 7 日と，使用するセメントの種類や養生期間中の温度に応じた標準日数が定められている。

(4) 新コンクリートを打ち継ぐ際には，打継面の **(ニ) レイタンス** や緩んだ骨材粒を完全に取り除き，十分に **(ホ) 吸水** させなければならない。

(イ)	(ロ)	(ハ)	(ニ)	(ホ)
沈下	タンピング	混合セメント (B種)	レイタンス	吸水

30年度 必須問題　コンクリート

文章記述問題

コンクリートに関する次の用語から**2つ選び，用語名とその用語の説明**についてそれぞれ解答欄に記述しなさい。

・ブリーディング
・コールドジョイント
・AE剤
・流動化剤

解 説

■コンクリートに関する用語の記述問題

「コンクリート標準示方書〔施工編〕」参照する指針類および用語，JIS A 0203「コンクリート用語」を参照する。

解答例

用　語	用語の説明
ブリーディング	フレッシュコンクリートにおいて，固体材料の沈降又は分離によって，練混ぜ水の一部が遊離して上昇する現象。
コールドジョイント	コンクリートを層状に打ち込む場合に，先に打ち込んだコンクリートと後から打ち込んだコンクリートとの間が，完全に一体化していない不連続面。
AE剤	混和剤の1つで，コンクリート中に微細な気泡を発生させ，ワーカビリティーや品質の改善に使用する。
流動化剤	混和剤の1つで，コンクリートに添加し，撹拌することによりスランプを大きくさせ，コンクリートを軟らかくする。

上記について，**2つを選定し記述する。**

穴埋め問題

コンクリートの打継ぎの施工に関する次の文章の［　　］の（イ）～（ホ）に当てはまる**適切な語句を，下記の語句から選び**解答欄に記入しなさい。

⑴ 打継目は，構造上の弱点になりやすく，［（イ）］やひび割れの原因にもなりやすいため，その配置や処理に注意しなければならない。

⑵ 打継目には，水平打継目と鉛直打継目とがある。いずれの場合にも，新コンクリートを打ち継ぐ際には，打継面の［（ロ）］や緩んだ骨材粒を完全に取り除き，コンクリート表面を［（ハ）］にした後，十分に［（ニ）］させる。

⑶ 水密を要するコンクリート構造物の鉛直打継目では，［（ホ）］を用いる。

［語句］

ワーカビリティー，	乾燥，	モルタル，	密実，	漏水，
コンシステンシー，	平滑，	吸水，	はく離剤，	粗，
レイタンス，	豆板，	止水板，	セメント，	給熱

解　説

■コンクリートの打継ぎの施工に関しての語句又は数値の記入

「コンクリート標準示方書［施工編］」施工標準：9章　継目を参照。

解答例

⑴　打継目は，構造上の弱点になりやすく，（イ）漏水 やひび割れの原因にもなりやすいため，その配置や処理に注意しなければならない。

⑵　打継目には，水平打継目と鉛直打継目とがある。いずれの場合にも，新コンクリートを打ち継ぐ際には，打継面の（ロ）レイタンス や緩んだ骨材粒を完全に取り除き，コンクリート表面を（ハ）粗 にした後，十分に（ニ）吸水 させる。

⑶　水密を要するコンクリート構造物の鉛直打継目では，（ホ）止水板 を用いる。

(イ)	(ロ)	(ハ)	(ニ)	(ホ)
漏水	レイタンス	粗	吸水	止水板

29 年度 必須問題　コンクリート

文章記述問題

コンクリートに関する次の用語から **2 つ選び，用語とその用語の説明をそれぞれ**解答欄に記述しなさい。

ただし，解答欄の記入例と同一内容は不可とする。

・エントレインドエア
・スランプ
・ブリーディング
・呼び強度
・コールドジョイント

解　説

■コンクリートに関する用語の記述問題

「コンクリート標準示方書［施工編］」参照する指針類および用語を参照する。

解答例

用　語	用語の説明
エントレインドエア	AE 剤又は空気連行作用のある混和剤を用いてコンクリート中に連行させた独立した微細な空気泡。
スランプ	フレッシュコンクリートの軟らかさの程度を示す指標の 1 つで，スランプコーンを引き上げた直後に測った頂部からの下がりで示す。
ブリーディング	フレッシュコンクリート，フレッシュモルタル及びフレッシュペーストにおいて，固体材料の沈降又は分離によって，練混ぜ水の一部が遊離して上昇する現象。
呼び強度	設計基準強度と区別するために設けられた用語で，JIS A 5308 の規定に示されている条件で保証されるレディーミクストコンクリートの強度。
コールドジョイント	コンクリートを層状に打ち込む場合に，先に打ち込んだコンクリートと後から打ち込んだコンクリートとの間が，完全に一体化していない不連続面。

上記について，**2 つを選定し記述する。**

穴埋め問題

コンクリート用混和剤の種類と機能に関する次の文章の［　　］の（イ）～（ホ）に当てはまる**適切な語句を，下記の語句から選び**解答欄に記入しなさい。

(1) AE剤は，ワーカビリティー，［（イ）］などを改善させるものである。

(2) 減水剤は，ワーカビリティーを向上させ，所要の単位水量及び［（ロ）］を減少させるものである。

(3) 高性能減水剤は，大きな減水効果が得られ，［（ハ）］を著しく高めることが可能なものである。

(4) 高性能AE減水剤は，所要の単位水量を著しく減少させ，良好な［（ニ）］保持性を有するものである。

(5) 鉄筋コンクリート用［（ホ）］剤は，塩化物イオンによる鉄筋の腐食を抑制させるものである。

[語句]

中性化，	単位セメント量，	凍結，	空気量，
強度，	コンクリート温度，	遅延，	スランプ，
粗骨材量，	塩化物量，	防せい，	ブリーディング，
細骨材率，	耐凍害性，	アルカリシリカ反応	

解 説

■コンクリート用混和剤に関しての語句又は数値の記入

「コンクリート標準示方書［施工編］」施工標準：3章　材料 3.5 混和材料を参照する。

解答例

(1) AE剤は，ワーカビリティー，**(イ)** 耐凍害性 などを改善させるものである。

(2) 減水剤は，ワーカビリティーを向上させ，所要の単位水量及び **(ロ)** 単位セメント量 を減少させるものである。

(3) 高性能減水剤は，大きな減水効果が得られ，**(ハ)** 強度 を著しく高めることが可能なものである。

(4) 高性能 AE 減水剤は，所要の単位水量を著しく減少させ，良好な **(ニ)** スランプ 保持性を有するものである。

(5) 鉄筋コンクリート用 **(ホ)** 防せい 剤は，塩化物イオンによる鉄筋の腐食を抑制させるものである。

(イ)	(ロ)	(ハ)	(ニ)	(ホ)
耐凍害性	単位セメント量	強度	スランプ	防せい

28 年度 必須問題　コンクリート

文章記述問題

鉄筋コンクリート構造物の施工管理に関して，コンクリート打込み前に，鉄筋工及び型枠において現場作業で**確認すべき事項をそれぞれ 1 つずつ**解答欄に記述しなさい。

ただし，解答欄の記入例と同一内容は不可とする。

解　説

■鉄筋コンクリートの施工管理に関しての記述問題

「コンクリート標準示方書［施工編］」施工標準：10 章　鉄筋工　10.3 鉄筋の加工，10.4 鉄筋の組立，11 章　型枠および支保工等を参照する。

解答例

	鉄筋工の現場での確認作業
①	鉄筋は，設計図書で定められた寸法及び形状に加工されているか。
②	鉄筋は，所定の位置に配置され，組み立てられているか。
③	鉄筋は，設計図書で定められたかぶり，あきが確保できているか。
④	スペーサの設置，結束線による固定が確実に行われているか。
⑤	定着長の確保，継手方法が確実に行われているか。
	型枠工の現場での確認作業
①	型枠は，設計図書で定められた寸法及び形状で設置されているか。
②	型枠の締付けに，ボルト又は棒鋼が用いられているか。
③	型枠内にゴミや異物が取り除かれ，清掃が行われているか。
④	型枠に緩みや傾きがないか。
⑤	せき板の内面にはく離剤が塗布されているか。

上記について，**それぞれ 1 つを選定し記述する。**

穴埋め問題

コンクリート工事において，鉄筋を加工し，組み立てる場合の留意事項に関する次の文章の［　　］の（イ）～（ホ）に当てはまる**適切な語句又は数値を，下記の語句又は数値から選び**解答欄に記入しなさい。

(1) 鉄筋は，組み立てる前に清掃し，どろ，浮きさび等，鉄筋とコンクリートとの［（イ）］を害するおそれのあるものを取り除かなければならない。

(2) 鉄筋は，正しい位置に配置し，コンクリートを打ち込むときに動かないように堅固に組み立てなければならない。鉄筋の交点の要所は，直径［（ロ）］mm 以上の焼なまし鉄線又は適切なクリップで緊結しなければならない。使用した焼なまし鉄線又はクリップは，［（ハ）］内に残してはならない。

(3) 鉄筋の［（ハ）］を正しく保つためにスペーサを必要な間隔に配置しなければならない。鉄筋は，材質を害しない方法で，［（ニ）］で加工することを原則とする。コンクリートを打ち込む前に鉄筋や型枠の配置や清掃状態などを確認するとともに，型枠をはがしやすくするために型枠表面に［（ホ）］剤を塗っておく。

［語句又は数値］　0.6，　常温，　圧縮，　はく離，　0.8，
付着，　有効高さ，　0.4，　スランプ，　遅延，
加熱，　硬化，　冷間，　引張，　かぶり

解　説

■鉄筋の加工組立に関しての語句又は数値の記入

「コンクリート標準示方書［施工編］」施工標準：10 章　鉄筋工 10.3 鉄筋の加工，10.4 鉄筋の組立を参照する。

解答例

⑴　鉄筋は，組み立てる前に清掃し，どろ，浮きさび等，鉄筋とコンクリートとの (イ) 付着 を害するおそれのあるものを取り除かなければならない。

⑵　鉄筋は，正しい位置に配置し，コンクリートを打ち込むときに動かないように堅固に組み立てなければならない。鉄筋の交点の要所は，直径 (ロ) 0.8 mm 以上の焼なまし鉄線又は適切なクリップで緊結しなければならない。使用した焼なまし鉄線又はクリップは，(ハ) かぶり 内に残してはならない。

⑶　鉄筋の (ハ) かぶり を正しく保つためにスペーサを必要な間隔に配置しなければならない。

鉄筋は，材質を害しない方法で，(ニ) 常温 で加工することを原則とする。コンクリートを打ち込む前に鉄筋や型枠の配置や清掃状態などを確認するとともに，型枠をはがしやすくするために型枠表面に (ホ) はく離 剤を塗っておく。

(イ)	(ロ)	(ハ)	(ニ)	(ホ)
付着	0.8	かぶり	常温	はく離

27 年度 必須問題　コンクリート

文章記述問題

コンクリートの養生は，コンクリート打込み後の一定期間実施するが，**養生の役割又は具体的な方法を 2 つ**解答欄に記述しなさい。

解　説

■コンクリートの養生に関しての記述問題

「コンクリート標準示方書［施工編］」施工標準：8 章　**養生**を参照する。

解答例

	養生の役割又は具体的な方法
①	打込み後の一定期間は，コンクリートを適当な温度のもとで，湿潤状態を保つ。
②	打込み後，硬化を始めるまで，日光の直射，風などによる水分の逸散を防ぐ。
③	硬化に必要な温度条件を保ち，低温，高温，急激な温度変化による有害な影響を受けないように，温度を制御する。
④	コンクリートの露出面は，養生用マットで覆うか，散水，湛水を行い湿潤状態を保つ。
⑤	直射日光や風により，急激な乾燥からのひび割れを防ぐために，シートなどで日よけや風よけを設ける。

上記について，**2 つを選定し記述する。**

穴埋め問題

コンクリートの打継目に関する次の文章の［　　］に当てはまる**適切な語句を下記の語句から選び**，解答欄に記入しなさい。

(1) 打継目は，できるだけ［（イ）］の小さい位置に設け，打継面を部材の圧縮力の作用方向と直交させるのを原則とする。

(2) 水平打継目については，既に打ち込まれたコンクリートの表面の［（ロ）］や品質の悪いコンクリート，緩んだ骨材などを完全に取り除く。

(3) 鉛直打継目については，既に打ち込まれ硬化したコンクリートの打継面をワイヤブラシで削るか［（ハ）］などにより粗にして十分吸水させた後，新しくコンクリートを打ち継がなければならない。

(4) 打ち込んだコンクリートが打継面に行きわたり，打継面と密着するように打込み及び［（ニ）］を行わなければならない。

(5) 水密を要するコンクリート構造物の鉛直打継目では［（ホ）］を用いるのを原則とする。

［語句］養生，　クラッキング，　止水板，　引張力，
レイタンス，　金網，　せん断力，　コンシステンシー，
締固め，　曲げの力，　チッピング，　スランプ，
仕上げ，　コールドジョイント，　接着

解説

■コンクリートの打継目に関しての語句の記入

「コンクリート標準示方書［施工編］」施工標準：9章　継目　9.2 打継目を参照する。

解答例

⑴ 打継目は，できるだけ **(イ) せん断力** の小さい位置に設け，打継面を部材の圧縮力の作用方向と直交させるのを原則とする。

⑵ 水平打継目については，既に打ち込まれたコンクリートの表面の **(ロ) レイタンス** や品質の悪いコンクリート，緩んだ骨材などを完全に取り除く。

⑶ 鉛直打継目については，既に打ち込まれ硬化したコンクリートの打継面をワイヤブラシで削るか **(ハ) チッピング** などにより粗にして十分吸水させた後，新しくコンクリートを打ち継がなければならない。

⑷ 打ち込んだコンクリートが打継面に行きわたり，打継面と密着するように打込み及び **(ニ) 締固め** を行わなければならない。

⑸ 水密を要するコンクリート構造物の鉛直打継目では **(ホ) 止水板** を用いるのを原則とする。

(イ)	(ロ)	(ハ)	(ニ)	(ホ)
せん断力	レイタンス	チッピング	締固め	止水板

26年度 必須問題　コンクリート

文章記述問題

コンクリートに関する**次の用語から 2 つ選び，その用語の説明をそれぞれ**解答欄に記述しなさい。

① スペーサ
② AE 剤
③ ワーカビリティー
④ ブリーディング
⑤ タンピング

解　説

■コンクリートの用語に関しての記述問題

「コンクリート標準示方書［施工編］」参照する指針類および用語，JIS A 0203「コンクリート用語」等を参照する。

解答例

用　語	用語の説明
スペーサ	鉄筋の組立てにおいて，その間隔を正しく保持したり，所定のかぶりを与えたりするために用いる部品で，コンクリート製，モルタル製，鋼製，プラスチック製などがある。
AE剤	コンクリート中の微細な気泡を連行し，ワーカビリティーや耐凍霜害性を改善する混和剤の1種である。
ワーカビリティー	コンクリートの施工において，運搬，打込み，締固め，仕上げなどの作業が容易にできる程度をいう。
ブリーディング	コンクリートの打設時に，固体材料の沈降により，練り混ぜ水が表面に浮かび上がってくる現象をいう。
タンピング	コンクリートの打設から締固めの間で，タンパなどで打設表面を叩くことにより，コンクリート中の余分な空気や水を追い出し密実な表面とする作業をいう。

用語から**2 つ選び，その用語の説明を記述する。**

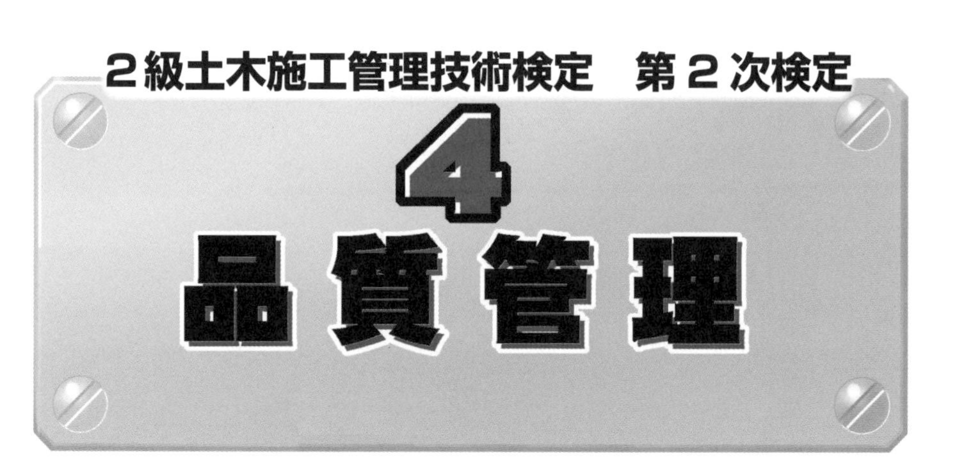
2級土木施工管理技術検定　第2次検定
4
品質管理

第 2 次検定

4 品質管理

過去 9 年間 出題内容及び傾向と対策

年度	主な設問内容
令和 4 年	必須問題　問題 5　盛土材料として望ましい条件を記述する。
令和 3 年	選択問題　問題 7　コンクリート構造物の鉄筋の組立・型枠の品質管理に関して適切な語句を記入する。
令和 2 年	選択問題　問題 6　土の原位置試験に関して適切な語句を記入する。 選択問題　問題 8　各種コンクリートの打込み時又は養生時の留意点について記述する。
令和元年	選択問題　問題 6　盛土の締固め管理に関して適切な語句を記入する。 選択問題　問題 7　レディーミクストコンクリートの受入れ検査に関して適切な語句・数値を記入する。
平成 30 年	選択問題　問題 6　盛土に関して適切な語句を記入する。 選択問題　問題 7　レディーミクストコンクリートの受入検査の各種判定基準に関して適切な語句・数値を記入する。
平成 29 年	選択問題　問題 6　コンクリート構造物の鉄筋の組立・型枠の品質管理に関して適切な語句を記入する。 選択問題　問題 8　盛土品質確保のために行う敷均し及び締固めの施工上の留意点について記述する。
平成 28 年	選択問題　問題 6　土の原位置試験に関して適切な語句・数値を記入する。 選択問題　問題 8　レディーミクストコンクリートの受入れ検査の試験名と判定内容について記述する。
平成 27 年	選択問題　問題 6　レディーミクストコンクリートに関して適切な語句・数値を記入する。 選択問題　問題 8　盛土材料としての望ましい条件について記述する。
平成 26 年	①レディーミクストコンクリートに関して適切な語句・数値を記入する。 ②土の工学的性質を確認するための試験について記入する。

傾　向

（◎最重要項目　○重要項目　□基本項目　※予備項目）

出題項目	令和4年	令和3年	令和2年	令和元年	平成30年	平成29年	平成28年	平成27年	平成26年	重点
レディーミクストコンクリートの品質管理				○	○		○	○	○	◎
コンクリートの品質管理			○							□
土工の品質管理	○			○	○	○		○		○
土質，原位置試験			○				○		○	□
鉄筋・型枠の品質検査		○				○				□
品質管理一般										※

対　策

レディーミクストコンクリート又はコンクリート全般

どちらかはほぼ出題されるものとして準備をしておく。

レディーミクストコンクリート

強度／スランプ／空気量／塩化物含有量

コンクリート

スランプ／ワーカビリティー／締固め／仕上げ

コンクリート構造物

鉄筋の組立／型枠品質管理

各種コンクリート

寒中コンクリート，暑中コンクリート，マスコンクリートの施工時留意点

土　工

出題頻度は多く，盛土の品質について整理をしておく。

盛　土

安定性／盛土材料／締固め

特　性

品質特性と試験方法

土質試験

数年おきに出題があり，種類，目的について整理しておく。

種　類

原位置試験／室内試験／工学的性質

チェックポイント

レディーミクストコンクリートの品質管理

レディーミクストコンクリートの品質管理の内容について，下記に整理する。

1 強　度

1回の試験結果は，呼び強度の強度値の85%以上で，かつ3回の試験結果の平均値は，呼び強度の強度値以上とする。

2 スランプ

（単位：cm）

スランプ	2.5	5及び6.5	8以上18以下	21
スランプの誤差	±1	±1.5	±2.5	±1.5

3 空気量

（単位：%）

コンクリートの種類	空気量	空気量の許容差
普通コンクリート	4.5	±1.5
軽量コンクリート	5.0	
舗装コンクリート	4.5	

4 塩化物含有量

塩化物イオン量として0.30 kg/m^{3}以下（承認を受けた場合は0.60 kg/m^{3}以下とできる。）

※コンクリートの施工に関する品質管理は，**「3. コンクリート」**（本書189～199ページ）を参照。

土工の品質管理

盛土の施工における留意点は下記のとおりである。

1 盛土材料

施工が容易で締固めた後の強さが大きく，圧縮性が少なく，雨水などの浸食に対して強いとともに吸水による膨潤性が低い材料を用いる。

2 敷均し及び締固め

盛土の種類により締固め厚さ及び敷均し厚さを下表のとおりとする。

盛土の種類による締固め厚さ及び敷均し厚さ

盛土の種類	締固め厚さ（1 層）	敷均し厚さ
路体・堤体	30 cm 以下	35～45 cm 以下
路床	20 cm 以下	25～30 cm 以下

3 品質管理方法

盛土の品質管理の内容について，下記に整理する。

①基準試験の最大乾燥密度，最適含水比を利用する方法

現場で締固めた土の乾燥密度と基準の締固め試験の最大乾燥密度との比を締固め度と呼び，この値を規定する。

②空気間隙率又は飽和度を施工含水比で規定する方法

締固めた土が安定な状態である条件として，空気間隙率又は飽和度が一定の範囲内にあるように規定する方法である。同じ土に対してでも突固めエネルギーを変えると，異なった突固め曲線が得られる。

③締固めた土の強度あるいは変形特性を規定する方法

締固めた盛土の強度あるいは変形特性を貫入抵抗，現場 CBR，支持力，プルーフローリングによるたわみの値によって規定する方法である。岩塊，玉石等の乾燥密度の測定が困難なものに適している。

④工法規定方式

使用する締固め機械の種類，締固め回数などの工法を規定する方法である。あらかじめ現場締固め試験を行って，盛土の締固め状況を調べる必要があり，盛土材料の土質，含水比が変化しない現場では便利な方法である。

※土工に関する品質管理は，**「2. 土工」**（本書 139～156 ページ）を参照。

品質特性と試験方法

各工種における品質特性と試験方法について，下記に整理する。

工　種	区　分	品質特性	試験方法
コンクリート	骨　材	粒度	ふるい分け試験
		すりへり量	すりへり試験
		表面水量	表面水率試験
		密度・吸水率	密度・吸水率試験
	コンクリート	スランプ	スランプ試験
		空気量	空気量試験
		単位容積質量	単位容積質量試験
		混合割合	洗い分析試験
		圧縮強度	圧縮強度試験
		曲げ強度	曲げ強度試験
路盤工	材　料	粒度	ふるい分け試験
		含水比	含水比試験
		最大乾燥密度・最適含水比	突固めによる土の締固め試験
		CBR	CBR 試験
	施　工	締固め度	土の密度試験
		支持力	平板載荷試験，CBR 試験
アスファルト舗装	材　料	針入度	針入度試験
		軟石量	軟石量試験
		伸度	伸度試験
		粒度	ふるい分け試験
	プラント	混合温度	温度測定
		アスファルト量・合成粒度	アスファルト抽出試験
	施工現場	安定度	マーシャル安定度試験
		敷均し温度	温度測定
		厚さ	コア採取による測定
		混合割合	コア採取による試験
		平坦性	平坦性試験
土　工	材　料	粒度	粒度試験
		液性限界	液性限界試験
		塑性限界	塑性限界試験
		自然含水比	含水比試験
		最大乾燥密度・最適含水比	突固めによる土の締固め試験
	施工現場	締固め度	土の密度試験
		CBR	現場 CBR試験
		支持力値	平板載荷試験
		貫入指数	貫入試験

原位置試験の目的と内容

原位置試験の結果から得られるもの，その利用及び内容について，下表に示す。

試験の名称	試験から得られる結果	利用方法	試験内容
単位体積質量試験	湿潤密度 ρ_t 乾燥密度 ρ_d	締固めの施工管理	砂置換法，カッター法など各種方法があるが，基本は土の重量を体積で除す。
標準貫入試験	N 値	土の硬軟，締まり具合の判定	重さ 63.5 kg のハンマーにより，30 cm 打ち込むのに要する打撃回数。
スウェーデン式サウンディング試験	Wsw 及び Nsw 値	土の硬軟，締まり具合の判定	6 種の荷重を与え，人力によるロッド回転の貫入量に対応する半回転数を測定。
オランダ式二重管コーン貫入試験	コーン指数 q_c	土の硬軟，締まり具合の判定	先端角 60°及び底面積 10 cm² のマントルコーンを，速度 1 cm/s により，5 cm 貫入し，コーン貫入抵抗値を算定する。
ポータブルコーン貫入試験	コーン指数 q_c	トラフィカビリティの判定	先端角 30°及び底面積 6.45 cm² のコーンを，人力により貫入させ，貫入抵抗値は貫入力をコーン底面積で除した値で表す。
ベーン試験	粘着力 c	細粒土の斜面や基礎地盤の安定計算	ベーンブレードを回転ロッドにより押込み，その抵抗値を求める。
平板載荷試験	地盤係数 K	締固めの施工管理	直径 30 cm の載荷板に荷重をかけ，時間と沈下量の関係を求める。
現場透水試験	透水係数 k	透水関係の設計計算 地盤改良工法の設計	ボーリング孔を利用して，地下水位の変化により，透水係数を求める。
弾性波探査	地盤の弾性波速度 V	地層の種類，性質 成層状況の推定	火薬により弾性波を発生させ，伝波状況の観測により，弾性波速度を解明する。
電気探査	地盤の比抵抗値	地層・地質構造の推定	地中に電流を流し，電位差を測定し，比抵抗値を算定する。

過去8年間の問題と解説・解答例

令和3年度 選択問題　品質管理

穴埋め問題

鉄筋の組立・型枠及び型枠支保工の品質管理に関する次の文章の［　　］の（イ）～（ホ）に当てはまる**適切な語句を**，**次の語句**から選び解答欄に記入しなさい。

(1) 鉄筋の継手箇所は，構造上弱点になりやすいため，できるだけ，大きな荷重がかかる位置を避け，［（イ）］の断面に集めないようにする。

(2) 鉄筋の［（ロ）］を確保するためのスペーサは，版（スラブ）及び梁(はり)部(ぶ)ではコンクリート製やモルタル製を用いる。

(3) 型枠は，外部からかかる荷重やコンクリートの［（ハ）］に対し，十分な強度と剛性を有しなければならない。

(4) 版（スラブ）の型枠支保工は，施工時(せこうじ)及び完成後のコンクリートの自重による沈下や変形を想定して，適切な［（ニ）］をしておかなければならない。

(5) 型枠及び型枠支保工を取り外す順序は，比較的荷重を受けにくい部分をまず取り外し，その後残りの重要な部分を取り外すので，梁部では［（ホ）］が最後となる。

［語句］

負圧，	相互，	妻面，	千鳥，	側面，
底面，	側圧，	同一，	水圧，	上げ越し，
口径，	下げ止め，	応力，	下げ越し，	かぶり

解説

■鉄筋の組立・型枠及び型枠支保工の品質管理に関する語句の記入

鉄筋の組立・型枠及び型枠支保工の品質管理に関しては,「コンクリート標準示方書 [施工編]」施工標準：10 章 鉄筋工及び 11 章 型枠および支保工を参照する。

解答例

(1) 鉄筋の継手箇所は，構造上弱点になりやすいため，できるだけ，大きな荷重がかかる位置を避け，**(イ) 同一** の断面に集めないようにする。

(2) 鉄筋の **(ロ) かぶり** を確保するためのスペーサは，版（スラブ）及び梁部ではコンクリート製やモルタル製を用いる。

(3) 型枠は，外部からかかる荷重やコンクリートの **(ハ) 側圧** に対し，十分な強度と剛性を有しなければならない。

(4) 版（スラブ）の型枠支保工は，施工時及び完成後のコンクリートの自重による沈下や変形を想定して，適切な **(ニ) 上げ越し** をしておかなければならない。

(5) 型枠及び型枠支保工を取り外す順序は，比較的荷重を受けにくい部分をまず取り外し，その後残りの重要な部分を取り外すので，梁部では **(ホ) 底面** が最後となる。

(イ)	(ロ)	(ハ)	(ニ)	(ホ)
同一	かぶり	側圧	上げ越し	底面

穴埋め問題

土の原位置試験に関する次の文章の［　　］の（イ）～（ホ）に当てはまる**適切な語句を，次の語句から選び**解答欄に記入しなさい。

⑴　標準貫入試験は，原位置における地盤の［（イ）］，締まり具合または土層の構成を判定するための［（ロ）］を求めるために行うものである。

⑵　平板載荷試験は，原地盤に剛な載荷板を設置して［（ハ）］荷重を与え，この荷重の大きさと載荷板の沈下量との関係から［（ニ）］係数や極限支持力などの地盤の変形及び支持力特性を調べるための試験である。

⑶　RI 計器による土の密度試験とは，放射性同位元素（RI）を利用して，土の湿潤密度及び［（ホ）］を現場において直接測定するものである。

［語句］

バラツキ，	硬軟，	N値，	圧密，	水平，
地盤反力，	膨張，	調整，	含水比，	P値，
沈下量，	大小，	T値，	垂直，	透水

解　説

■土の原位置試験に関しての語句の記入

土の原位置試験に関しては,**「土質調査法」**(土質工学会),**「地盤調査法」**(地盤工学会)等を参照する。

解答例

(1) 標準貫入試験は,原位置における地盤の **(イ) 硬軟**,締まり具合または土層の構成を判定するための **(ロ) N 値** を求めるために行うものである。

(2) 平板載荷試験は,原地盤に剛な載荷板を設置して **(ハ) 垂直** 荷重を与え,この荷重の大きさと載荷板の沈下量との関係から **(ニ) 地盤反力** 係数や極限支持力などの地盤の変形及び支持力特性を調べるための試験である。

(3) RI 計器による土の密度試験とは,放射性同位元素(RI)を利用して,土の湿潤密度及び **(ホ) 含水比** を現場において直接測定するものである。

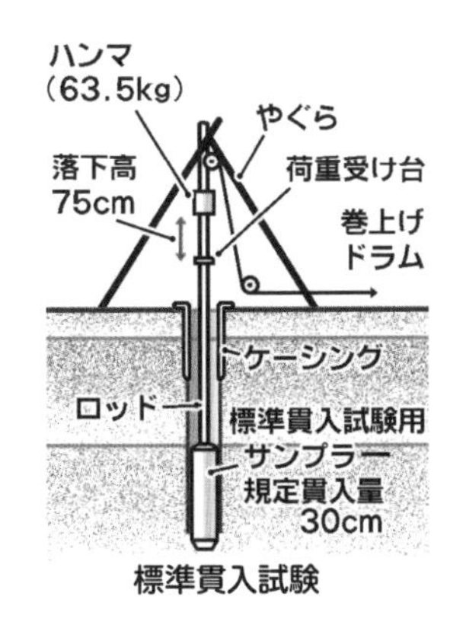

標準貫入試験

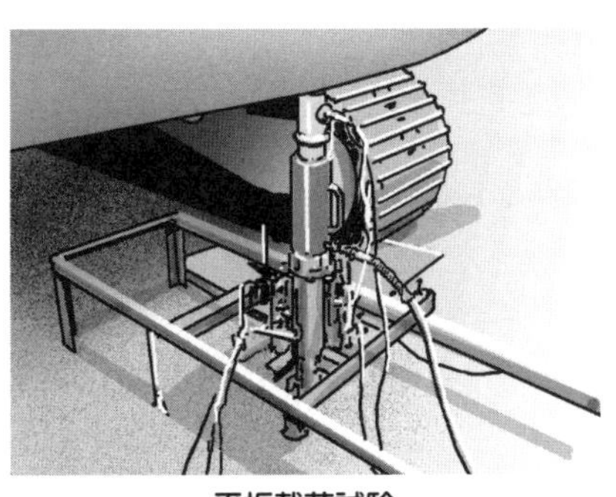
平板載荷試験

(イ)	(ロ)	(ハ)	(ニ)	(ホ)
硬軟	N 値	垂直	地盤反力	含水比

令和 2 年度 選択問題　品質管理

記述問題

次の各種コンクリートの中から 2 **つ選び，それぞれについて打込み時又は養生時に留意する事項**を解答欄に記述しなさい。

・寒中コンクリート
・暑中コンクリート
・マスコンクリート

解　説

■各種コンクリートの打込み時又は養生時の留意事項に関しての記述

各種コンクリートの打込み時又は養生時の留意事項に関しては，主に「コンクリート標準示方書［施工編］」：施工標準　12 章，13 章，14 章に示されている。

解答例

寒中コンクリート

【打込み時】

・打込みは，コンクリートの温度がなるべく下がらないようにする。
・練り混ぜ開始から打ち込むまでの時間をできるだけ短くし，コンクリート温度の低下を防ぐ。
・打込み時のコンクリートの温度は，構造物の断面寸法，気象条件等を考慮して，5～20℃の範囲を保つ。

【養生時】

・コンクリートは，打込み後の初期に凍結しないように十分に保護し，特に風を防ぐようにする。
・所定の圧縮強度が得られるまで，コンクリートの温度を 5℃以上に保ち，さらに 2 日間は 0℃以上に保つ。
・保温養生又は給熱養生を終了するときには，コンクリートの温度を急激に低下させない。

暑中コンクリート

【打込み時】

・コンクリートの打込みは，練混ぜ開始から打ち終わるまでの時間は 1.5 時間以内を原則とする。

・打込み時のコンクリート温度は，35℃以下に保つ。

・コンクリートを打ち込む前に，地盤，型枠等，コンクリートから吸水するおそれのある部分を湿潤状態に保つ。

【養生時】

・コンクリートの打込み終了後は，速やかに養生を開始し，コンクリートの表面を直射日光や風等による乾燥から保護する。

・型枠も湿潤状態を保ち，型枠取外し後も養生期間中は露出面を湿潤状態に保つ。

・散水，覆い等により湿潤状態を保ち，表面の乾燥を抑える。

マスコンクリート

【打込み時】

・コンクリートの打込み温度は，温度ひび割れに関する照査等の事前に定められた温度を超えないようにする。

・気温の高い炎天下はなるべく避け，外気温が低い時間帯となるようにする。

・打設時のコンクリート温度及び履歴は常に管理し，計画時の温度と大きく異なる場合は，施工計画を変更する。

【養生時】

・温度ひび割れ制御が計画どおりに行えるように温度制御を行い養生をする。

・コンクリート表面を発泡スチロールなどの断熱性のよい材料で，保温，保護をする。

・コンクリート内部温度の最大値を下げるためには，パイプクーリングにより温度低下を図る。

上記コンクリートのうち **2 つを選定し，それぞれについて打込み時又は養生時に留意する事項を記述する。**

令和元年度 選択問題　品質管理

穴埋め問題

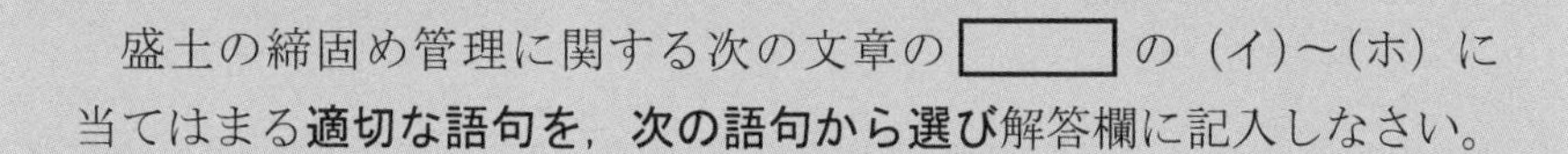

盛土の締固め管理に関する次の文章の□の（イ）～（ホ）に当てはまる**適切な語句を，次の語句から選び**解答欄に記入しなさい。

(1) 盛土工事の締固めの管理方法には，［（イ）］規定方式と［（ロ）］規定方式があり，どちらの方法を適用するかは，工事の性格・規模・土質条件などをよく考えたうえで判断することが大切である。

(2) ［（イ）］規定のうち，最も一般的な管理方法は，締固め度で規定する方法である。

(3) $$\text{締固め度} = \frac{\text{［（ハ）］で測定された土の［（ニ）］}}{\text{室内試験から得られる土の最大［（ニ）］}} \times 100\ (\%)$$

(4) ［（ロ）］規定方式は，使用する締固め機械の種類や締固め回数，盛土材料の［（ホ）］厚さなどを，仕様書に規定する方法である。

［語句］

積算，	安全，	品質，	工場，	土かぶり，
敷均し，	余盛，	現場，	総合，	環境基準，
現場配合，	工法，	コスト，	設計，	乾燥密度

解　説

■盛土の締固め管理に関しての語句の記入

盛土の締固め管理に関しては**「道路土工－盛土工指針」**を参照する。

解答例

⑴　盛土工事の締固めの管理方法には，**(イ) 品質** 規定方式と **(ロ) 工法** 規定方式があり，どちらの方法を適用するかは，工事の性格・規模・土質条件などをよく考えたうえで判断することが大切である。

⑵　**(イ) 品質** 規定のうち，最も一般的な管理方法は，締固め度で規定する方法である。

⑶　$$締固め度 = \frac{\text{(ハ) 現場 で測定された土の (ニ) 乾燥密度}}{\text{室内試験から得られる土の最大 (ニ) 乾燥密度}} \times 100\,(\%)$$

⑷　**(ロ) 工法** 規定方式は，使用する締固め機械の種類や締固め回数，盛土材料の **(ホ) 敷均し** 厚さなどを，仕様書に規定する方法である。

(イ)	(ロ)	(ハ)	(ニ)	(ホ)
品質	工法	現場	乾燥密度	敷均し

令和元年度 選択問題　品質管理

穴埋め問題

レディーミクストコンクリート（JIS A 5308）の受入れ検査に関する次の文章の［　　］の（イ）～（ホ）に当てはまる**適切な語句又は数値を，次の語句又は数値から選び**解答欄に記入しなさい。

(1) ［（イ）］が 8 cm の場合，試験結果が ±2.5 cm の範囲に収まればよい。

(2) 空気量は，試験結果が±［（ロ）］%の範囲に収まればよい。

(3) 塩化物イオン濃度試験による塩化物イオン量は，［（ハ）］kg/m³ 以下の判定基準がある。

(4) 圧縮強度は，1 回の試験結果が指定した［（ニ）］の強度値の 85 %以上で，かつ 3 回の試験結果の平均値が指定した［（ニ）］の強度値以上でなければならない。

(5) アルカリシリカ反応は，その対策が講じられていることを，［（ホ）］計画書を用いて確認する。

［語句又は数値］

フロー，	仮設備，	スランプ，	1.0，	1.5，
作業，	0.4，	0.3，	配合，	2.0，
ひずみ，	せん断強度，	0.5，	引張強度，	呼び強度

解説

■レディーミクストコンクリートの受入れ検査に関しての語句の記入

レディーミクストコンクリートの受入れ検査に関しては，**「コンクリート標準示方書［施工編］」検査標準：5 章　レディーミクストコンクリートの検査**を参照する。

解答例

(1) **(イ) スランプ** が 8 cm の場合，試験結果が ±2.5 cm の範囲に収まればよい。

(2) 空気量は，試験結果が ± **(ロ) 1.5** %の範囲に収まればよい。

(3) 塩化物イオン濃度試験による塩化物イオン量は，**(ハ) 0.3** kg/m^3 以下の判定基準がある。

(4) 圧縮強度は，1 回の試験結果が指定した **(ニ) 呼び強度** の強度値の 85 %以上で，かつ 3 回の試験結果の平均値が指定した **(ニ) 呼び強度** の強度値以上でなければならない。

(5) アルカリシリカ反応は，その対策が講じられていることを，**(ホ) 配合** 計画書を用いて確認する。

(イ)	(ロ)	(ハ)	(ニ)	(ホ)
スランプ	1.5	0.3	呼び強度	配合

30 年度 選択問題 　品質管理

穴埋め問題

盛土に関する次の文章の［　　］の（イ）～（ホ）に当てはまる**適切な語句を，次の語句から選び**解答欄に記入しなさい。

⑴ 盛土の施工で重要な点は，盛土材料を水平に敷くことと［（イ）］に締め固めることである。

⑵ 締固めの目的として，盛土法面の安定や土の支持力の増加など，土の構造物として必要な［（ロ）］が得られるようにすることが上げられる。

⑶ 締固め作業にあたっては，適切な締固め機械を選定し，試験施工などによって求めた施工仕様に従って，所定の［（ハ）］の盛土を確保できるよう施工しなければならない。

⑷ 盛土材料の含水量の調節は，材料の［（ニ）］含水比が締固め時に規定される施工含水比の範囲内にない場合にその範囲に入るよう調節するもので，［（ホ）］，トレンチ掘削による含水比の低下，散水などの方法がとられる。

[語句]

押え盛土,	膨張性,	自然,	軟弱,	流動性,
収縮性,	最大,	ばっ気乾燥,	強度特性,	均等,
多め,	スランプ,	品質,	最小,	軽量盛土

解説

■盛土の品質管理に関しての語句の記入

盛土の品質管理に関しては「**道路土工ー盛土工指針**」を参照する。

解答例

⑴ 盛土の施工で重要な点は，盛土材料を水平に敷くことと **(イ) 均等** に締め固めることである。

⑵ 締固めの目的として，盛土法面の安定や土の支持力の増加など，土の構造物として必要な **(ロ) 強度特性** が得られるようにすることが上げられる。

⑶ 締固め作業にあたっては，適切な締固め機械を選定し，試験施工などによって求めた施工仕様に従って，所定の **(ハ) 品質** の盛土を確保できるよう施工しなければならない。

⑷ 盛土材料の含水量の調節は，材料の **(ニ) 自然** 含水比が締固め時に規定される施工含水比の範囲内にない場合にその範囲に入るよう調節するもので，**(ホ) ばっ気乾燥**，トレンチ掘削による含水比の低下，散水などの方法がとられる。

(イ)	(ロ)	(ハ)	(ニ)	(ホ)
均等	強度特性	品質	自然	ばっ気乾燥

30 年度 選択問題

品質管理

穴埋め問題

レディーミクストコンクリート（JIS A 5308）の普通コンクリートの荷おろし地点における受入検査の各種判定基準に関する次の文章の［　　］の（イ)～(ホ）に当てはまる**適切な語句又は数値を，次の語句又は数値から選び**解答欄に記入しなさい。

⑴　スランプが 12 cm の場合，スランプの許容差は±［（イ）］cm であり，［（ロ）］は 4.5％で，許容差は±1.5％である。

⑵　コンクリート中の［（ハ）］は 0.3 kg/m³ 以下である。

⑶　圧縮強度の 1 回の試験結果は，購入者が指定した呼び強度の［（ニ）］の［（ホ）］％以上である。また，3 回の試験結果の平均値は，購入者が指定した呼び強度の［（ニ）］以上である。

［語句又は数値］

骨材の表面水率,	補正値,	90,	塩化物含有量,	2.5,
アルカリ総量,	70,	空気量,	1.0,	標準値,
強度値,	ブリーディング量,	2.0,	水セメント比,	85

解 説

■レディーミクストコンクリートの受入検査の判定基準管理に関しての語句又は数値の記入

「コンクリート標準示方書［施工編］」検査標準：5 章　レディーミクストコンクリートの検査を参照する。

解答例

(1) スランプが 12 cm の場合，スランプの許容差は ± **(イ) 2.5** cm であり，**(ロ) 空気量** は 4.5%で，許容差は ±1.5%である。

(2) コンクリート中の **(ハ) 塩化物含有量** は 0.3 kg/m^3 以下である。

(3) 圧縮強度の 1 回の試験結果は，購入者が指定した呼び強度の **(ニ) 強度値** の **(ホ) 85** %以上である。また，3 回の試験結果の平均値は，購入者が指定した呼び強度の **(ニ) 強度値** 以上である。

(イ)	(ロ)	(ハ)	(ニ)	(ホ)
2.5	空気量	塩化物含有量	強度値	85

穴埋め問題

コンクリート構造物の鉄筋の組立・型枠の品質管理に関する次の文章の［　　］の（イ）～（ホ）に当てはまる**適切な語句を，下記の語句から選び**解答欄に記入しなさい。

⑴ 鉄筋コンクリート用棒鋼は納入時に JIS G 3112 に適合することを製造会社の［（イ）］により確認する。

⑵ 鉄筋は所定の［（ロ）］や形状に，材質を害さないように加工し正しく配置して，堅固に組み立てなければならない。

⑶ 鉄筋を組み立てる際には，かぶりを正しく保つために［（ハ）］を用いる。

⑷ 型枠は，外部からかかる荷重やコンクリートの側圧に対し，型枠の［（ニ）］，モルタルの漏れ，移動，沈下，接続部の緩みなど異常が生じないように十分な強度と剛性を有していなければならない。

⑸ 型枠相互の間隔を正しく保つために，［（ホ）］やフォームタイが用いられている。

［語句］

鉄筋，	断面，	補強鉄筋，	スペーサ，	表面，
はらみ，	ボルト，	寸法，	信用，	セパレータ，
下振り，	試験成績表，	バイブレータ，	許容値，	実績

解説

■コンクリート構造物の鉄筋の組立・型枠の品質管理に関しての語句の記入

「コンクリート標準示方書［施工編］」施工標準：10 章　鉄筋工，11 章　型枠および支保工等を参照する。

解答例

(1) 鉄筋コンクリート用棒鋼は納入時に JIS G 3112 に適合することを製造会社の (イ) 試験成績表 により確認する。

(2) 鉄筋は所定の (ロ) 寸法 や形状に，材質を害さないように加工し正しく配置して，堅固に組み立てなければならない。

(3) 鉄筋を組み立てる際には，かぶりを正しく保つために (ハ) スペーサ を用いる。

(4) 型枠は，外部からかかる荷重やコンクリートの側圧に対し，型枠の (ニ) はらみ，モルタルの漏れ，移動，沈下，接続部の緩みなど異常が生じないように十分な強度と剛性を有していなければならない。

(5) 型枠相互の間隔を正しく保つために，(ホ) セパレータ やフォームタイが用いられている。

(イ)	(ロ)	(ハ)	(ニ)	(ホ)
試験成績表	寸法	スペーサ	はらみ	セパレータ

29年度 選択問題　品質管理

記述問題

盛土の品質を確保するために行う**敷均し及び締固めの施工上の留意事項をそれぞれ**解答欄に記述しなさい。

解説

■盛土の敷均し及び締固めの施工に関しての記述

盛土の敷均し及び締固めの施工に関しては，**「道路土工－盛土工指針」5－3 敷均し及び含水量調節 (1) 一般的な盛土材料の敷均し，5－4 締固め，5－4－4 締固め作業及び締固め機械**に示されている。

解答例

項目	施工上の留意事項
敷均し	・定められた厚さで均等に敷ならす。 ・敷均しは高まきとならないように注意をする。 ・路体の場合，1層の敷均し厚さを35～45 cmとする。 ・路床の場合，1層の敷均し厚さを25～30 cmとする。
締固め	・土質により，適した締固め機械を選定する。 ・路体の場合，1層の締固め厚さを30 cm以下とする。 ・路床の場合，1層の締固め厚さを20 cm以下とする。 ・締固め後の表面は，自然排水勾配を確保し，表面を平滑にする。 ・盛土全体を均等に締固め，端部や偶部は不十分にならないように注意する。

上記について，それぞれ**1つを選定し記述する。**

穴埋め問題

土の原位置試験に関する次の文章の [　　] の（イ）～（ホ）に当てはまる**適切な語句を，下記の語句から選び**解答欄に記入しなさい。

(1) 原位置試験は，土がもともとの位置にある自然の状態のままで実施する試験の総称で，現場で比較的簡易に土質を判定しようとする場合や乱さない試料の採取が困難な場合に行われ，標準貫入試験，道路の平板載荷試験，砂置換法による土の [（イ）] 試験などが広く用いられている。

(2) 標準貫入試験は，原位置における地盤の硬軟，締まり具合などを判定するための [（ロ）] や土質の判断などのために行い，試験結果から得られる情報を [（ハ）] に整理し，その情報が複数得られている場合は地質断面図にまとめる。

(3) 道路の平板載荷試験は，道路の路床や路盤などに剛な載荷板を設置して荷重を段階的に加え，その荷重の大きさと載荷板の [（ニ）] との関係から地盤反力係数を求める試験で，道路，空港，鉄道の路床，路盤の設計や締め固めた地盤の強度と剛性が確認できることから工事現場での [（ホ）] に利用される。

[語句]

品質管理，	粒度加積曲線，	膨張量，	出来形管理，	沈下量，
隆起量，	N値，	写真管理，	密度，	透水係数，
土積図，	含水比，	土質柱状図，	間隙水圧，	粒度

解説

■土の原位置試験に関しての語句・数値の記入

本書 231 ページ「Lesson 4 品質管理　原位置試験の目的と内容」を参照する。

解答例

(1) 原位置試験は，土がもともとの位置にある自然の状態のままで実施する試験の総称で，現場で比較的簡易に土質を判定しようとする場合や乱さない試料の採取が困難な場合に行われ，標準貫入試験，道路の平板載荷試験，砂置換法による土の **(イ) 密度** 試験などが広く用いられている。

(2) 標準貫入試験は，原位置における地盤の硬軟，締まり具合などを判定するための **(ロ) N 値** や土質の判断などのために行い，試験結果から得られる情報を **(ハ) 土質柱状図** に整理し，その情報が複数得られている場合は地質断面図にまとめる。

(3) 道路の平板載荷試験は，道路の路床や路盤などに剛な載荷板を設置して荷重を段階的に加え，その荷重の大きさと載荷板の **(ニ) 沈下量** との関係から地盤反力係数を求める試験で，道路，空港，鉄道の路床，路盤の設計や締め固めた地盤の強度と剛性が確認できることから工事現場での **(ホ) 品質管理** に利用される。

(イ)	(ロ)	(ハ)	(ニ)	(ホ)
密度	N 値	土質柱状図	沈下量	品質管理

28年度 選択問題　品質管理

記述問題

レディーミクストコンクリート（JIS A 5308）「普通―24―8―20―N」（空気量の指定と塩化物含有量の協議は行わなかった）の荷おろし時に行う受入れ検査に関する下記の項目の中から2項目を選び，その項目の**試験名と判定内容**を記入例を参考に解答欄に記述しなさい。

・スランプ
・塩化物イオン量
・圧縮強度

解　説

■レディーミクストコンクリートの受入れ検査に関しての記述

レディーミクストコンクリートの荷卸し時に行う受入れ検査に関しては，JIS A 5308「レディーミクストコンクリート」及び「コンクリート標準示方書［施工編］」検査標準：5章　レディーミクストコンクリートの検査等に示されている。

解答例

項　目	試験名	判定内容
スランプ	スランプ試験	下表のとおりとする。（単位：cm） スランプ：2.5／5及び6.5／8以上18以下／21 スランプの誤差：±1／±1.5／±2.5／±1.5
塩化物イオン量	塩化物含有量試験	塩化物含有量：塩化物イオン量として0.30 kg/m³以下（承認を受けた場合は0.60 kg/m³以下とできる。）
圧縮強度	圧縮強度試験	1回の試験結果は，呼び強度の強度値の85%以上で，かつ3回の試験結果の平均値は，呼び強度の強度値以上とする。

（単位：cm）

スランプ	2.5	5及び6.5	8以上18以下	21
スランプの誤差	±1	±1.5	±2.5	±1.5

27年度 選択問題　品質管理

穴埋め問題

レディーミクストコンクリート（JIS A 5308）の品質管理に関する次の文章の［　　］の（イ）〜（ホ）に当てはまる**適切な語句又は数値を，下記の語句又は数値から選び**解答欄に記入しなさい。

(1) レディーミクストコンクリートの購入時の品質の指定

「普通−24−8−20−N」と指定したレディーミクストコンクリートでは，

└ 20 の数値は，［（イ）］の最大寸法である。

└ 8 の数値は，荷おろし地点での［（ロ）］の値である。

└ 24 の数値は，［（ハ）］の値である。

(2) レディーミクストコンクリートの受け入れ検査項目の空気量と塩化物含有量

- 普通コンクリートの空気量 4.5%の許容差は，［（ニ）］%である。
- レディーミクストコンクリートの塩化物含有量は，荷おろし地点で塩化物イオン量として［（ホ）］kg/m^3 以下である。

［語句又は数値］

スランプコーン，	±1.5，	引張強度，	0.2，	スランプフロー，
粗骨材，	曲げ強度，	0.3，	骨材，	0.4，
±2.5，	細骨材，	スランプ，	±3.5，	呼び強度

解 説

■レディーミクストコンクリートの品質管理に関しての語句・数値の記入

JIS A 5308「レディーミクストコンクリート」及び「コンクリート標準示方書［施工編］」検査標準：5 章　レディーミクストコンクリートの検査等を参照する。

解答例

(1)　レディーミクストコンクリートの購入時の品質の指定

「普通－24－8－20－N」と指定したレディーミクストコンクリートでは,

20 の数値は, **(イ)** 粗骨材 の最大寸法である。

8 の数値は, 荷おろし地点での **(ロ)** スランプ の値である。

24 の数値は, **(ハ)** 呼び強度 の値である。

(2)　レディーミクストコンクリートの受け入れ検査項目の空気量と塩化物含有量

・普通コンクリートの空気量 4.5%の許容差は, **(ニ)** ±1.5 %である。

・レディーミクストコンクリートの塩化物含有量は, 荷おろし地点で塩化物イオン量として **(ホ)** 0.3 kg/m^3 以下である。

(イ)	(ロ)	(ハ)	(ニ)	(ホ)
粗骨材	スランプ	呼び強度	±1.5	0.3

27 年度 選択問題　品質管理

記述問題

盛土の安定性を確保し良好な品質を保持するために求められる盛土材料として，**望ましい条件を 2 つ**解答欄に記述しなさい。

解　説

■盛土材料の品質管理に関しての記述

盛土の材料については，**「道路土工－盛土工指針」 4－6 盛土材料**に示されている。

解答例

・敷均し，締固めの施工が容易であること。
・締固め後が強固であること。
・締め固め後のせん断強さが大きく，圧縮性が少ないこと。
・雨水などの浸食に対して強いこと。
・吸水による膨張が小さい（膨潤性が低い）こと。
・透水性が小さいこと。

上記について，**2 つを選定し記述する。**

穴埋め問題

レディーミクストコンクリート（JIS A 5308）の普通コンクリートの荷卸し地点における受入れ検査に関する次の文章の［　　］に当てはまる**適切な語句又は数値を下記の語句又は数値から選び**，解答欄に記入しなさい。

強度試験の1回の試験結果は，指定した呼び強度の強度値の［（イ）］％以上でなければならず，また，3回の試験結果の［（ロ）］は，指定した呼び強度の強度値以上でなければならない。
スランプが 8.0 cm の場合，スランプの許容差は ±［（ハ）］cmであり，普通コンクリートの［（ニ）］は4.5％で，許容差は ±1.5％と定めている。また，塩化物含有量は，塩化物イオン量として［（ホ）］kg/m³ 以下でなければならない。

［語句又は数値］

セメント量,	5,	最小値,	2.5,
85,	最大値,	0.3,	70,
空気量,	0.5,	90,	単位水量,
1.5,	0.1,	平均値	

解説

■コンクリートの品質管理に関しての語句の記入

「コンクリート標準示方書［施工編］」検査標準：5 章　レディーミクストコンクリートの検査，施工標準：4.5.5 空気量及び JIS A 5308「レディーミクストコンクリート」を参照する。

解答例

強度試験の1回の試験結果は，指定した呼び強度の強度値の （イ）85 %以上でなければならず，また，3回の試験結果の （ロ）平均値 は，指定した呼び強度の強度値以上でなければならない。
スランプが 8.0 cm の場合，スランプの許容差は ±（ハ）2.5 cm であり，普通コンクリートの （ニ）空気量 は 4.5%で，許容差は ±1.5%と定めている。また，塩化物含有量は，塩化物イオン量として （ホ）0.3 kg/m^3 以下でなければならない。

コンクリートのスランプ試験

（イ）	（ロ）	（ハ）	（ニ）	（ホ）
85	平均値	2.5	空気量	0.3

26年度 選択問題　品質管理

文章記述問題

土の工学的性質を確認するための**試験の名称を5つ**解答欄に記入しなさい。

試験の名称は，原位置試験又は室内土質試験のどちらからでも可とする。

ただし，解答欄の記入例と同一内容は不可とする。

解　説

■土の工学的性質を確認するための試験の名称

土質試験における，工学的性質の原位置試験あるいは室内試験を記述する。

解答例

①標準貫入試験
②ポータブルコーン貫入試験
③平板載荷試験
④一軸圧縮試験
⑤直接せん断試験
⑥スウェーデン式サウンディング試験
⑦オランダ式二重管コーン貫入試験
⑧ベーン試験
⑨三軸圧縮試験
⑩締固め試験

上記以外にも多数あるが，それらについて，**5つを選定し記述する。**

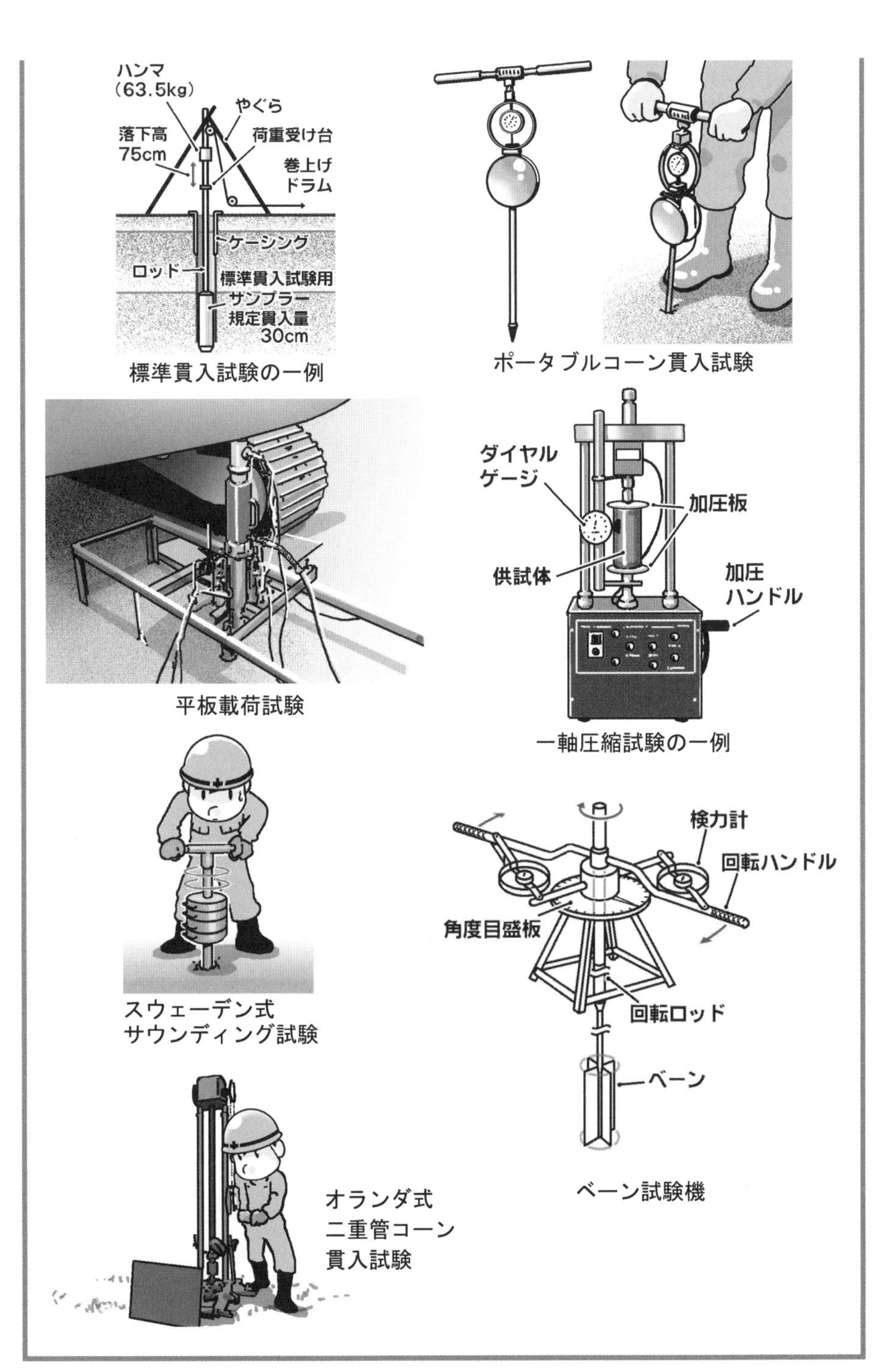

標準貫入試験の一例

ポータブルコーン貫入試験

平板載荷試験

一軸圧縮試験の一例

スウェーデン式
サウンディング試験

ベーン試験機

オランダ式
二重管コーン
貫入試験

2級土木施工管理技術検定　第2次検定

5
安全管理

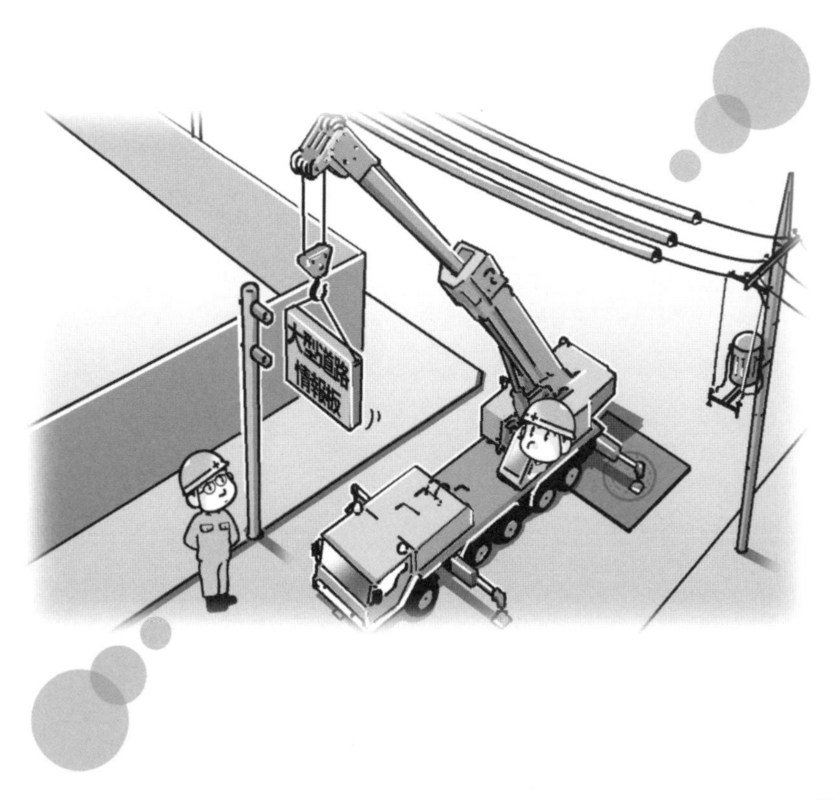

2 級土木施工管理技術検定

第 2 次検定

5 安全管理

出題内容及び傾向と対策

年度	主な設問内容		
令和 4 年	選択問題	問題 8	2 m 以上の高所作業を行う場合の墜落等による危険防止対策を記述する。
令和 3 年	必須問題	問題 3	移動式クレーンにおける荷下ろし作業の安全対策に関して，具体的措置を記入する。
	選択問題	問題 8	架空線損傷事故防止について，安全対策を記述する。
令和 2 年	選択問題	問題 7	高所作業の安全管理に関して，適切な語句・数値を記入する。
令和元年	選択問題	問題 8	土止め支保工の組立て作業における労働災害防止対策について記述する。
平成 30 年	選択問題	問題 8	架空線近接工事及び地下埋設物工事に関する安全対策について記述する。
平成 29 年	選択問題	問題 7	移動式クレーン及び玉掛け作業の安全対策に関して，適切な語句を記入する。
平成 28 年	選択問題	問題 7	明り掘削作業の安全対策に関して，適切な語句・数値を記入する。
平成 27 年	選択問題	問題 7	足場工の安全対策に関して，適切な語句・数値を記入する。
平成 26 年	選択問題	問題 5	墜落事故の防止対策に関して適切な語句・数値を記入する。

傾　向

（◎最重要項目　○重要項目　□基本項目　※予備項目）

出題項目	令和4年	令和3年	令和2年	令和元年	平成30年	平成29年	平成28年	平成27年	平成26年	重点
足場工			○					○		□
墜落危険防止	○		○						○	○
土止め支保工				○						□
型枠支保工										□
移動式クレーン		○				○				□
土工，掘削，法面							○			□
車両系建設機械										□
地下埋設，架空線		○			○					□
土石流災害防止										※
労働災害防止										□
道路工事保安施設										※

対　策

足場工の安全対策及び墜落危険防止

数年おきに出題されており，安全管理における重要項目として準備が必要である。

足場工

単管足場／枠組足場／つり足場／作業床／作業構台／手すり先行工法

墜落危険防止

作業床，手すりの設置／防網設置／※要求性能墜落制止用器具の着用／常時点検

土止め支保工及び型枠支保工

出題は少ないが，基本項目として準備が必要である。

土止め支保工

鋼矢板／腹起し／切梁／火打ち／中間杭／点検

型枠支保工

沈下防止／滑動防止／支柱継手／接続部，交差部の緊結／水平つなぎ

移動式クレーン

数年おきに出題されており，基礎知識は理解しておく。

作業範囲／地盤状態／アウトリガー張出し／定格荷重／作業開始前点検

地下埋設物及び架空線損傷事故防止対策

近年出題されており，準備が必要である。

離隔距離／誘導合図

※**「安全帯」**の名称が**「要求性能墜落制止用器具」**に改められ，2019年（平成31年）2月1日から施行されました。

掘削作業，法面施工及び車両系建設機械

時折出題されるが，「安全管理」においては基本項目であるので，整理をしておく。

掘削作業

掘削面の勾配制限／機械掘削作業／危険防止対策

法面施工

安全勾配／作業開始前点検／作業中点検／降雨後点検

車両系建設機械

前照灯／ヘッドガード／制限速度／誘導合図／主用途以外の使用禁止／安全移送／ブーム等の降下による危険防止

その他の項目

出題頻度は少ないが，「安全管理」の基本項目であり，今後の出題可能性を含め，下記の基礎知識は把握しておく。

労働災害防止

安全管理体制／安全衛生教育／作業主任者の職務

道路工事保安施設

設置基準／道路標識

土石流災害対策

事前調査／警戒・避難基準／点検整備／情報収集

斜面防災のため法面の整形作業をするバックホウ 写真提供：ピクスタ

チェックポイント

足場工における安全対策

足場工の安全対策については，下記に整理する。（労働安全衛生規則第 559 条以降）

1 足場の種類と壁つなぎの間隔（同規則第 569 条第 1 項第 6 号イ，第 570 条第 1 項第 5 号イ）

種　類	垂直方向	水平方向	備　考
丸太足場	5.5 m 以下	7.5 m 以下	第 569 条
単管足場	5.0 m 以下	5.5 m 以下	第 570 条
わく組足場（高さ 5 m 未満を除く）	9.0 m 以下	8.0 m 以下	第 570 条

2 鋼管足場（パイプサポート）の名称と規制（単管足場と枠組足場）

（同規則第 570 条，第 571 条）

①鋼管足場

滑動又は沈下防止のためベース金具，敷板等を用い根がらみを設置する。

鋼管の接続部又は交差部は附属金具を用いて，確実に接続又は緊結する。

②単管足場

建地の間隔は，けた行方向 1.85 m，梁間方向 1.5 m 以下とする。

地上第一の布は 2 m 以下の位置に設ける。

建地間の積載荷重は，400 kg を限度とする。

最高部から測って 31 m を超える部分の建地は 2 本組とする。（建地の下端に作用する設計荷重が最大使用荷重を超えないときは，鋼管を 2 本組とすることを要しない。）

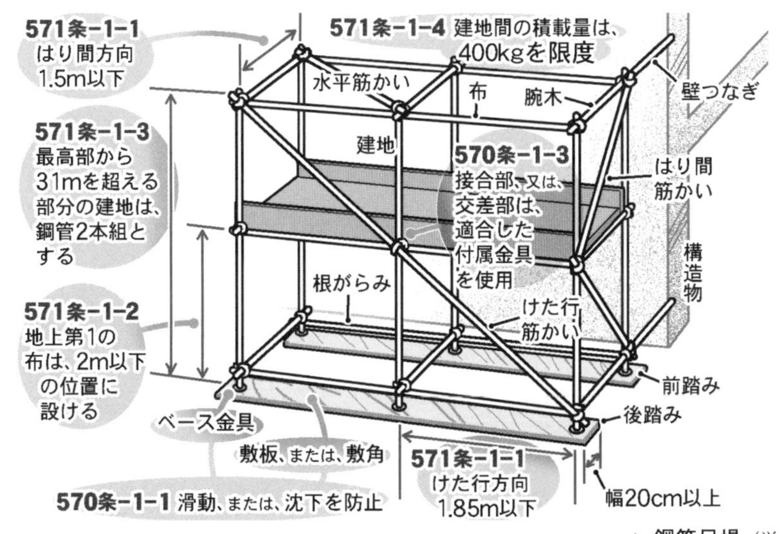

▲ 鋼管足場（単管足場）

③枠組足場

最上層及び5層以内ごとに水平材を設ける。

はり枠及び持送りわくは，水平筋かいにより横振れを防止する。

高さ20 m以上のとき，主わくは高さ2.0 m以下，間隔は1.85 m以下とする。

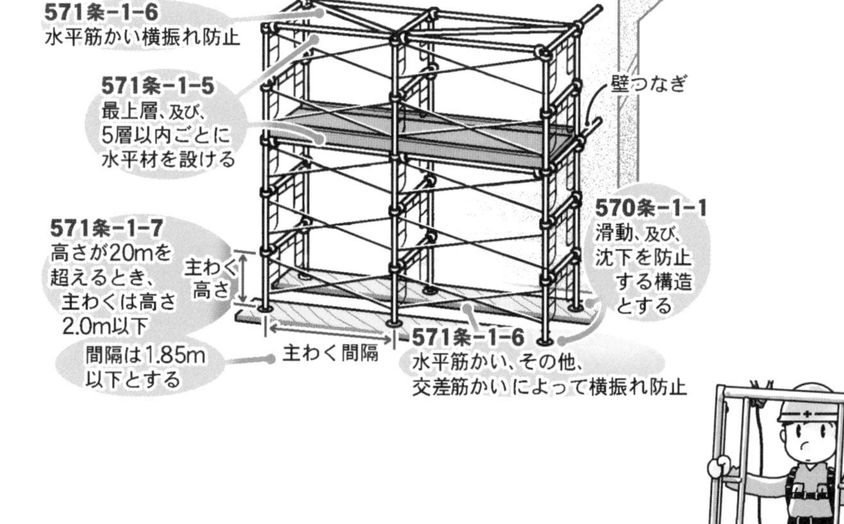

▲ 鋼管足場（枠組足場）

3 つり足場の名称と規制

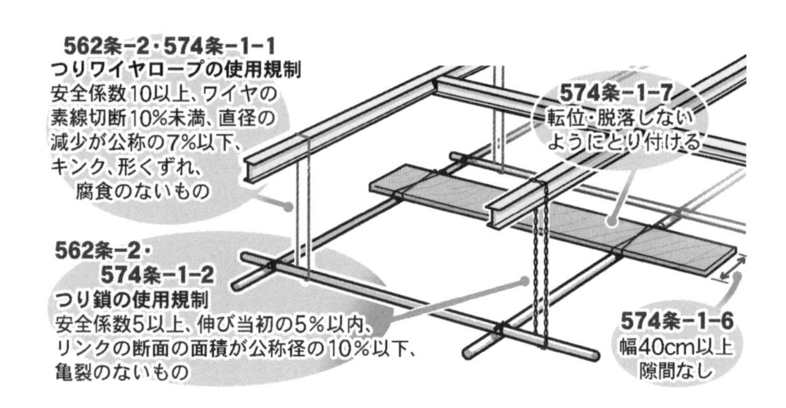

4 作業床の名称と規制

563条−1−5
床材は2以上の
支持物に
取り付ける

563条−1−3
手すり
高さ
85cm以上
中桟
高さ35～50cm
幅木 高さ10cm以上

563条−1−2
幅40cm以上
隙間3cm以下

腕木
建地
布
ころがし

563条−1
高さ2m以上
の場所に
取り付ける

5 作業構台の名称と規制

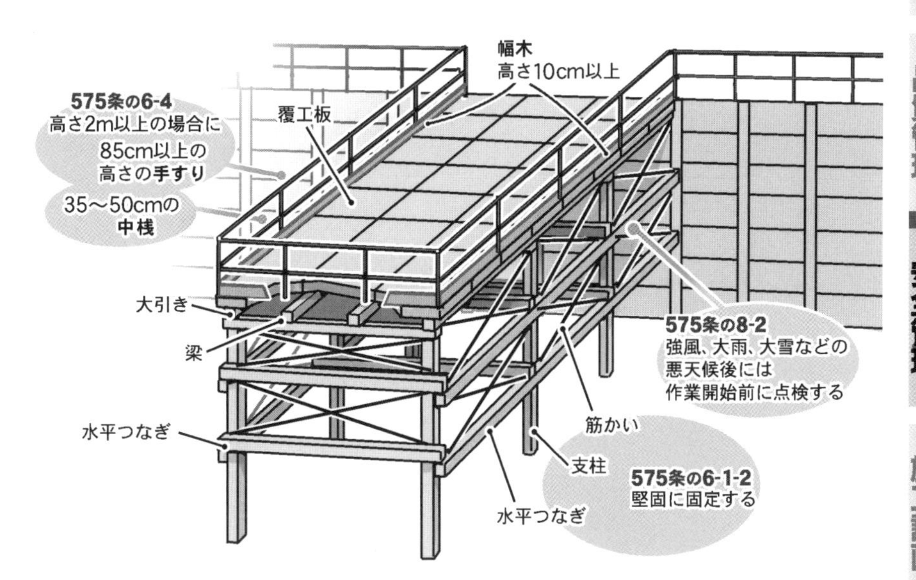

6 足場等からの墜落防止措置（鋼管足場，作業床，作業構台共通）

	わく組足場
内容	・交さ筋かい ・高さ 15 cm 以上 40 cm 以下の桟 ・若しくは高さ 15 cm 以上の幅木 ・又はこれらと同等以上の機能を有する設備 ・手すりわく （労働安全衛生規則第 563 条第 1 項第 3 号イ）
設置例	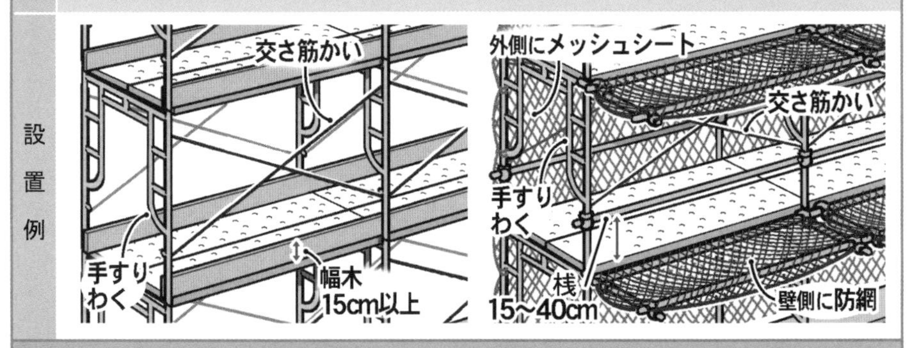

	単管足場（わく組足場以外の足場） 作業構台
内容	・高さ 85 cm 以上の手すり ・高さ 35 cm 以上，50 cm 以下の中桟 ・又はこれらと同等以上の機能を有する設備（手すり等）及び中桟 ・作業のため物体が落下することにより，労働者に危険を及ぼすおそれのあるときは，高さ 10 cm 以上の幅木，メッシュシート若しくは防網又はこれらと同等以上の機能を有する設備（幅木等）を設けること （労働安全衛生規則第 563 条第 1 項第 3 号ロ，同条第 6 号）
設置例	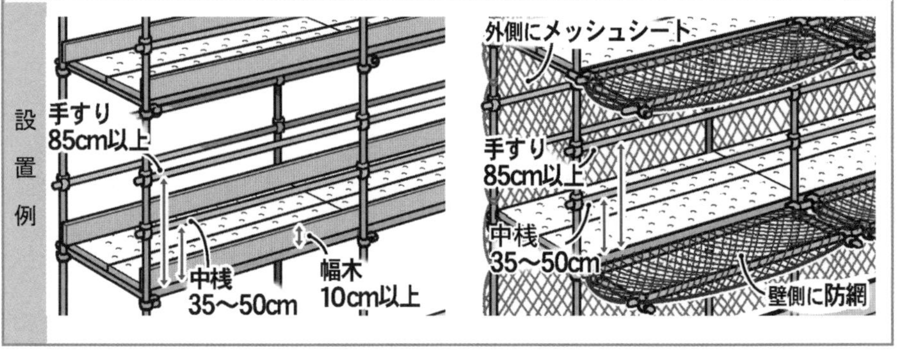

足場からの墜落防止措置を強化（平成 27 年 7 月 1 日施行）

足場からの墜落・転落による労働災害が多く発生していることから，足場に関する墜落防止措置などを定める労働安全衛生規則の一部が改正された。

- 足場の組立て，解体又は変更の作業のための業務（地上又は堅固な床上での補助作業の業務を除く）に労働者を就かせるときは，**特別教育が必要**
- 建設業，造船業の元請事業者等の**注文者は**，足場や作業構台の組立て，一部解体，変更後，次の作業を開始する前に**足場を点検・修理**
- 足場での高さ 2 m 以上の作業場所に設ける作業床の要件として，**床材と建地との隙間を 12 cm 未満**

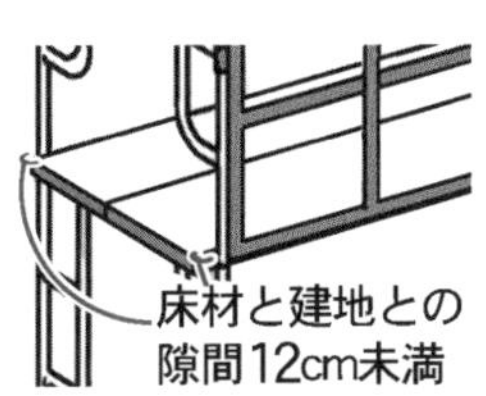

（「足場からの墜落・転落災害防止総合対策推進要綱」より抜粋）

7 保護具の着用

足場工の安全対策をはじめ各種建設工事においては，「労働安全衛生法・同規則」に各条項において各種保護具の着用及び使用に関して義務付けられている。

保護具	点検項目又は使用上の留意点
保護帽	・着用の有無を確認する。 ・変形，凹みの有無と状態を確認する。 ・あごひもをしっかり締めているかを確認する。 ・墜落，飛来落下防止兼用であるかを確認する。
※要求性能墜落制止用器具	・着用の有無（2 m 以上の高所での作業）を確認する。 ・ロープの損傷の有無を確認する。 ・ベルトの損傷の有無及び締め具合を確認する。 ・フックの穴径（50 mm 以下であるか）を確認する。 ・ロープの長さ（1.5 m 以下であるか）を確認する。
安全靴	・着用の有無を確認する。 ・甲革の損傷の有無を確認する。 ・靴底の亀裂，摩耗状態を確認する。

※**「安全帯」**の名称が**「要求性能墜落制止用器具」**に改められ，2019 年（平成 31 年）2 月 1 日から施行されました。

土止め支保工における安全対策

土止め支保工の安全対策については，次頁に整理する。（労働安全衛生規則第 368 条以降／建設工事公衆災害防止対策要綱第 47 以降）

1 土止め支保工の名称と規制

※労働安全衛生法関連は「土止め」，国土交通省等の技術指針関連は「土留め」と記述されている。

土留め支保工設置箇所：岩盤又は堅い粘土からなる地山（垂直掘り 5 m 以上），その他の地山（垂直掘り 2 m（市街地 1.5 m ）以上）

根入れ深さ：杭（1.5 m 以上），鋼矢板（3.0 m 以上）

親杭横矢板工法：土留め杭（H−300 以上），横矢板最小厚（3 cm 以上）

鋼矢板：Ⅲ型以上

腹起し：部材（H−300 以上），継手間隔（6.0 m 以上），垂直間隔（3.0 m 以内）

切りばり：部材（H−300 以上），継手間隔（3.0 m 以上），垂直間隔（3.0 m 以内）

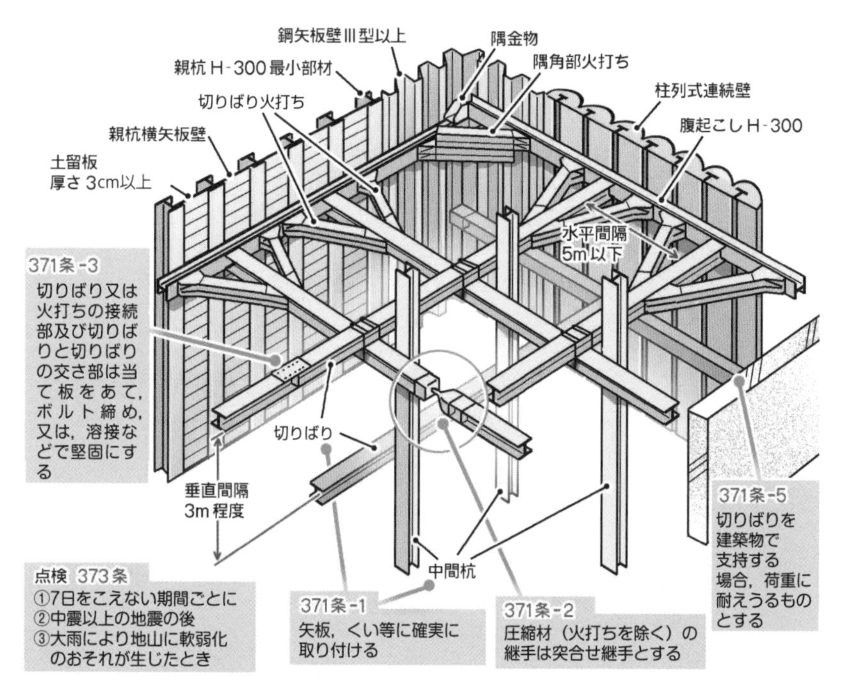

2 点　検（労働安全衛生規則第 373 条）

7 日をこえない期間ごと

中震以上の地震の後

大雨等により地山が急激に軟弱化するおそれのある事態が生じた後

3 構造設計

永久構造物と同様の設計を行う。

ボイリング，ヒービングに対して安全なものとする。

型枠支保工の安全対策

型枠支保工の安全対策については，下記に整理する。(労働安全衛生規則第 237 条以降)

1 組立図

組立図には，支柱，はり，つなぎ，筋かい等の配置，接合方法を明示する。

2 型枠支保工

①滑動又は沈下防止のため，敷板，敷角等を使用する。
②支柱の継手は，突合せ継手又は差込み継手とする。
③鋼材の接続部又は交差部はボルト，クランプ等の金具を用いて，緊結する。
④パイプサポートを 3 本以上継いで用いない。
⑤継いで用いるときは，4 つ以上のボルト又は専用金具で継ぐこと。
⑥高さが 3.5 m を超えるとき 2 m 以内ごとに 2 方向に水平つなぎを設ける。

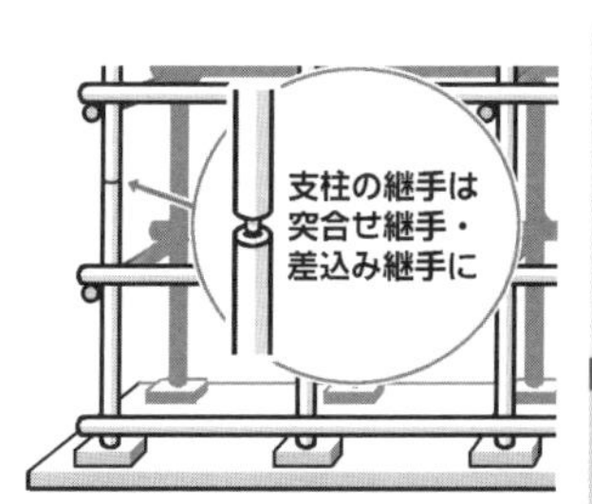

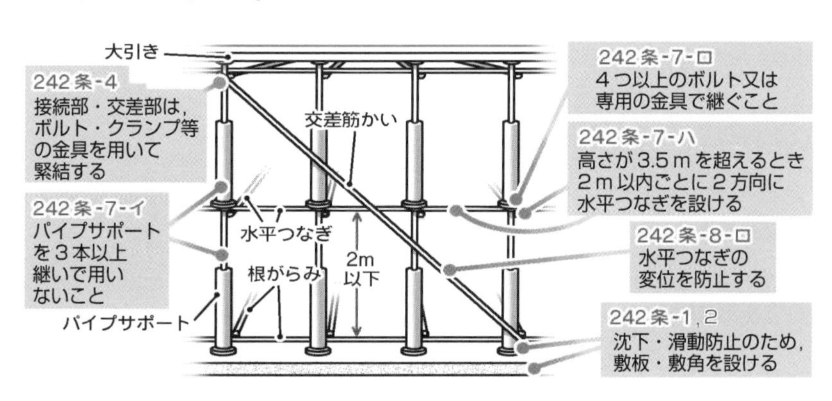

移動式クレーンの安全対策

移動式クレーンの安全対策については，下記に整理する。（クレーン等安全規則）

1 適用の除外

クレーン，移動式クレーン，デリックで，つり上げ荷重が 0.5ｔ未満のものは適用しない。

2 作業方法等の決定

転倒等による危険防止のために以下の事項を定める。

①移動式クレーンによる作業の方法

②移動式クレーンの転倒を防止するための方法

③移動式クレーンの作業に係る労働者の配置及び指揮の系統

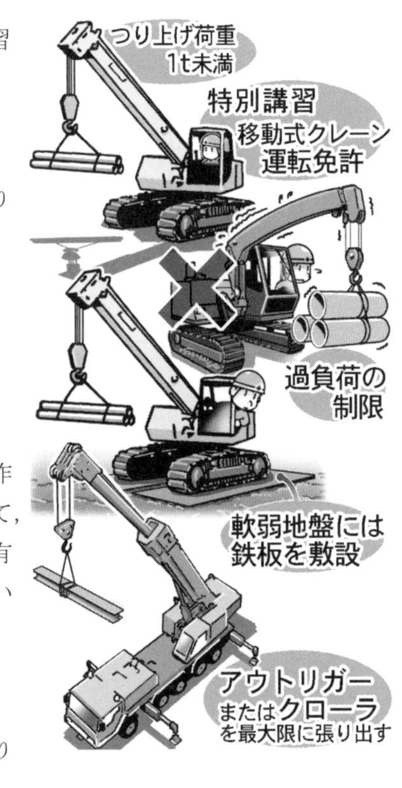

1. 特別の教育

つり上げ荷重が 1ｔ未満の運転は特別講習を行う。

2. 就業制限

移動式クレーンの運転士免許が必要（つり上げ荷重が1～5ｔ未満は技能講習修了者で可）

3. 過負荷の制限

定格荷重以上の使用は禁止する。

4. 使用の禁止

軟弱地盤等転倒のおそれのある場所での作業は禁止する。ただし，当該場所において，転倒を防止するため必要な広さ及び強度を有する鉄板等が敷設され，その上に設置しているときは，この限りでない。

5. アウトリガー

アウトリガー又はクローラは最大限に張り出す。

6. 運転の合図

一定の合図を定め，指名した者に合図を行わせる。

7. 搭乗の制限

労働者の運搬，つり上げての作業は禁止する。（ただし，やむを得ない場合は，専用の搭乗設備を設けて乗せることができる。）

8. 立入禁止

上部旋回体と接触する箇所，つり上げられている荷の下に労働者の立入りを禁止する。

9. 強風時の作業の禁止

強風のために危険が予想されるときは作業を禁止する。

10. 離脱の禁止

荷をつったままでの，運転位置からの離脱を禁止する。

11. 作業開始前の点検

その日の作業を開始する前に，巻過防止装置，過負荷警報装置その他の警報装置，ブレーキ，クラッチ及びコントローラの機能について点検する。

掘削作業の安全対策

掘削作業の安全対策については，下記に整理する。(労働安全衛生規則第 355 条以降)

1 作業箇所の調査

①形状，地質，地層の状態，②き裂，含水，湧水及び凍結の有無，③埋設物等の有無，④高温のガス及び蒸気の有無等を調査する。

2 掘削面の勾配と高さ(労働安全衛生規則第 356 条第 1 項，第 357 条)(土木工事安全施工技術指針)

地山の種類，高さにより下表の値とする。

地山の区分	掘削面の高さ	勾配	備　考
岩盤又は堅い粘土からなる地山	5 m 未満	90° 以下	掘削面の高さ 2 m 以上 掘削面 2 m 以上の水平段
	5 m 以上	75° 以下	
その他の地山	2 m 未満	90° 以下	
	2〜5 m 未満	75° 以下	
	5 m 以上	60° 以下	
砂からなる地山	勾配 35° 以下又は高さ 5 m 未満		
発破等により崩壊しやすい状態の地山	勾配 45° 以下又は高さ 2 m 未満		

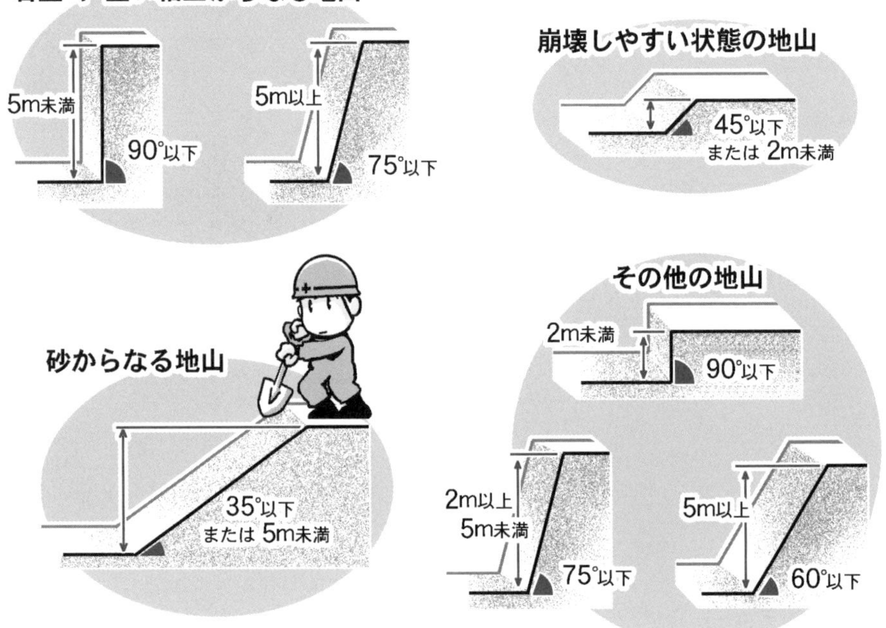

法面施工の安全対策

法面施工の安全対策については，下記に整理する。

1 安全勾配

事前調査により，安全な勾配を定め（2. 土工 チェックポイント「法面工」（148〜150ページ）参照），施工中においても常に勾配を点検する。

2 点　検

①作業開始前

上部の地山のすべり発生のき裂の有無，湧水の量，色調の変化，湧水場所等を確認，点検する。

②作業中

上部の地山のすべり発生のき裂の有無，湧水の量，色調の変化，湧水場所等を確認，点検する。

③降雨後

湧水の量，色調の変化，湧水場所等を確認，点検する。

切土施工の安全対策

切土施工の安全対策については，下記に整理する。

1 点　検

点検については，作業開始前，作業中，降雨後に上記の法面施工と同様の内容について点検を行う。

2 作業順序

切土作業は原則として 上部から下部へ切り落とすこと。

上下作業は避け，下部の部分から切土するようなすかし掘は絶対にしてはならない。

3 土質による留意点

しらす，まさ，山砂，段丘礫層などは表面水による浸食に弱く，落石や小崩壊，土砂流失が起こることが多いので特に注意を要する。

車両系建設機械の安全対策

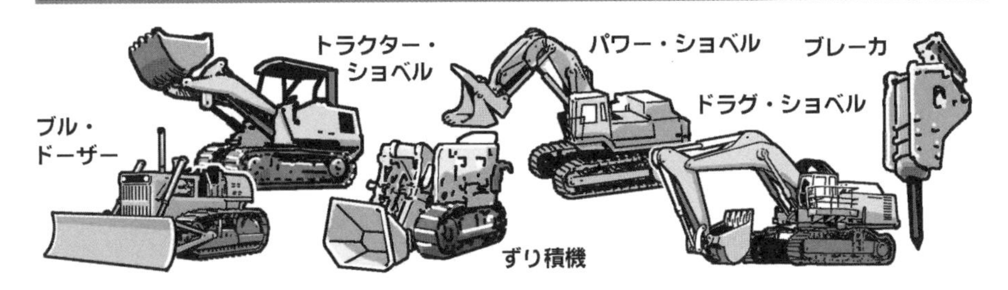

車両系建設機械については，下記に整理する。(労働安全衛生規則第2編第2章)

①**作業計画**(労働安全衛生規則第155条)

建設機械を用いて作業を行うときは，作業者の危険防止のための事前調査結果に基づき，下記事項に示した作業計画を定め，かつ，当該作業計画により作業を行う。

❶使用する機械の種類及び能力

❷建設機械の運行経路

❸建設機械による作業の方法

②**前照燈の設置**(労働安全衛生規則第152条)

前照燈を備える。(照度が保持されている場所を除く。)

③**ヘッドガード**(労働安全衛生規則第153条)

岩石の落下等の危険箇所では堅固な**ヘッドガード**を備える。

④**転落等の防止**(労働安全衛生規則第157条)

運行経路における路肩の**崩壊防止**，地盤の**不同沈下の防止**を図る。

⑤**接触の防止**(労働安全衛生規則第158条)

接触による危険箇所への労働者の**立入禁止**及び**誘導者**の配置。

⑥**合　図**(労働安全衛生規則第159条)

一定の合図を決め，**誘導者**に合図を行わせる。

⑦運転位置から離れる場合

（労働安全衛生規則第 160 条）

バケット，ジッパー等の作業装置を**地上に下ろす。**

原動機を止め，走行ブレーキをかける。

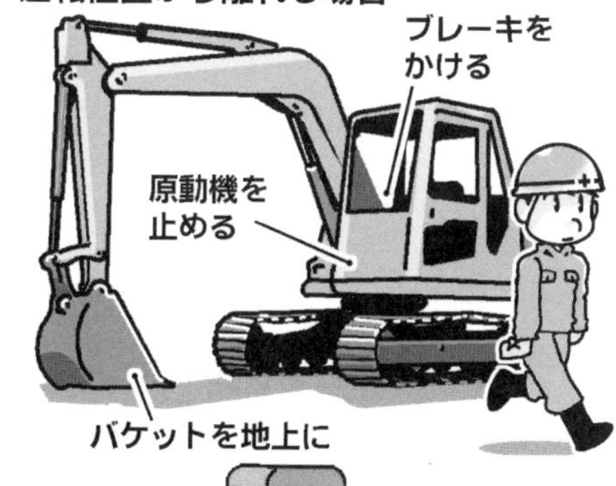

⑧移　送（労働安全衛生規則第 161 条）

積卸しは平坦な場所，道板は十分な長さ，幅，強度で取り付ける。

⑨主たる用途以外の使用制限

（労働安全衛生規則第 164 条）

パワー・ショベルによる荷のつり上げ，クラムシェルによる労働者の昇降等の**主たる用途以外の使用を禁止**する。

⑩ブーム等の降下による危険の防止

（労働安全衛生規則第 166 条）

機械のブーム，アーム等を上げ，その下で修理，点検等の作業を行うときは，安全支柱等を使用しなければならない。

安全管理体制（労働安全衛生規則）

安全管理体制については，下記に整理する。

1 選任管理者の区分（建設業）

①総括安全衛生管理者

労働者数……単一企業常時 100 人以上

職務・要件

危険，健康障害防止

教育実施

健康診断の実施

労働災害の原因調査

備考

安全，衛生管理者及び産業医の指揮，統括管理

安全衛生委員会設置

②統括安全衛生責任者

労働者数……複数企業常時 50 人以上

職務・要件

協議組織の設置・運営

作業間連絡調整

作業場所巡視

安全衛生教育の指導援助

工程，機械設備の配置計画

労働災害防止

備考

トンネル，圧気，橋梁工事は 30 人

③安全管理者

労働者数……常時 50 人以上

職務・要件

安全に係る技術的事項の管理

備考

300 人以上は 1 人を専任とする

④衛生管理者

労働者数……常時 50 人以上

職務・要件…衛生に係る技術的事項の管理

備考…1,000 人以上は 1 人を専任とする

⑤産業医

労働者数……常時 50 人以上

職務・要件…月 1 回は作業場巡視

備考…医師から選任

2 作業主任者を選任すべき主な作業（労働安全衛生法施行令第 6 条）

作業内容	作業主任者	資格
高圧室内作業	高圧室内作業主任者	免許を受けた者
アセチレンガス溶接	ガス溶接作業主任者	免許を受けた者
コンクリート破砕器作業	コンクリート破砕器作業主任者	技能講習を修了した者
2 m 以上の地山掘削	地山の掘削作業主任者	技能講習を修了した者
土止め支保工作業	土止め支保工作業主任者	技能講習を修了した者
型枠支保工作業	型枠支保工の組立等作業主任者	技能講習を修了した者
つり，張出し，5 m 以上足場組立て	足場の組立等作業主任者	技能講習を修了した者
鋼橋（高さ 5 m 以上，スパン 30 m 以上）架設	鋼橋架設等作業主任者	技能講習を修了した者
コンクリート造の工作物（高さ 5 m 以上）の解体	コンクリート造の工作物の解体等作業主任者	技能講習を修了した者
コンクリート橋（高さ 5 m 以上，スパン 30 m 以上）架設	コンクリート橋架設等作業主任者	技能講習を修了した者

過去8年間の問題と解説・解答例

令和3年度 必須問題　安全管理

文章記述問題

移動式クレーンを使用する荷下ろし作業において，労働安全衛生規則及びクレーン等安全規則に定められている**安全管理上必要な労働災害防止対策に関し，次の⑴，⑵の作業段階について，具体的な措置**を解答欄に記述しなさい。

ただし，同一内容の解答は不可とする。

⑴　作業着手前

⑵　作業中

解　説

■移動式クレーンの荷下ろし作業における労働災害防止についての記述

移動式クレーンの荷下ろし作業における労働災害防止については，**「労働安全衛生規則」**，**「クレーン等安全規則」**に定められている。

解答例

⑴　**作業着手前**

・転倒による危険を防止するために，作業の方法，転倒防止の方法，労働者の配置及び指揮系統を定める。

・その日の作業を開始する前に，巻過防止装置，過負荷警報装置その他の警報装置，ブレーキ，クラッチ及びコントローラの機能について点検する。

作業開始前の点検

・その日の作業を開始する前に，当該ワイヤーロープの異常の有無について点検する。
・軟弱地盤等転倒のおそれのある場所での作業は禁止する。
・アウトリガーを用いるときは，アウトリガーを鉄板等の上で，クレーンが転倒するおそれのない位置に設置し，アウトリガーを最大限に張り出す。
上記について，**1つを選定し記述する。**

⑵ 作業中

・定格荷重を超える荷重をクレーンにかけて運転はしない。
・強風のため危険が予想されるときは，作業を中止しなければならない。
・運転者は荷を吊ったままで運転位置を離れてはならない。
・移動式クレーンの運転については，一定の合図を定め指名した者に合図を行わせる。
・上部旋回体と接触する箇所，つり上げられている荷の下に労働者を立ち入らせてはならない。
上記について，**1 つを選定し記述する。**

経験記述 1
土工 2
コンクリート 3
品質管理 4
安全管理 5
施工計画 6
環境保全対策等 7

令和３年度 選択問題　安全管理

文章記述問題

下図のような道路上で工事用掘削機械を使用してガス管更新工事を行う場合，架空線損傷事故を防止するために**配慮すべき具体的な安全対策について２つ**，解答欄に記述しなさい。

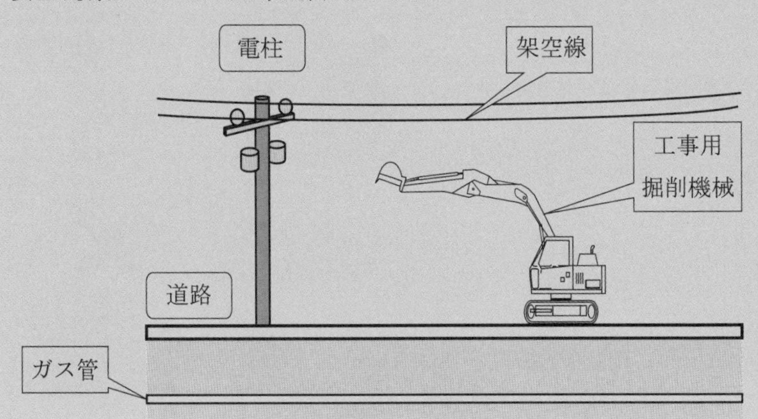

解　説

■架空線損傷事故を防止するための安全対策に関しての記述

架空線損傷事故を防止するための安全対策に関しては，主に，「労働安全衛生規則第 349 条」及び「土木工事安全施工技術指針」第３章第２節 架空線等上空施設一般において規定されている。

解答例

配慮すべき具体的な安全対策

・架空線上空施設への防護カバーを設置する。
・工事現場の出入り口等における高さ制限装置を設置する。
・架空線等上空施設の位置を明示する看板等を設置する。
・建設機械のブーム等の旋回，立入り禁止区域等を設定し，関係者に周知徹底する。
・監視人を配置して，合図等を徹底する。

上記について，**２つを選定し記述する。**

穴埋め問題

建設工事における高所作業を行う場合の安全管理に関して，労働安全衛生法上，次の文章の［　　］の（イ）〜（ホ）に当てはまる**適切な語句又は数値を，次の語句又は数値**から選び解答欄に記入しなさい。

(1) 高さが［（イ）］m 以上の箇所で作業を行なう場合で，墜落により労働者に危険を及ぼすおそれのあるときは，足場を組立てる等の方法により［（ロ）］を設けなければならない。

(2) 高さが［（イ）］m 以上の［（ロ）］の端や開口部等で，墜落により労働者に危険を及ぼすおそれのある箇所には，［（ハ）］，手すり，覆い等を設けなければならない。

(3) 架設通路で墜落の危険のある箇所には，高さ［（ニ）］cm 以上の手すり又はこれと同等以上の機能を有する設備を設けなくてはならない。

(4) つり足場又は高さが 5 m 以上の構造の足場等の組立て等の作業については，足場の組立て等作業主任者［（ホ）］を修了した者のうちから，足場の組立て等作業主任者を選任しなければならない。

［語句又は数値］

特別教育，	囲い，	85，	作業床，	3，
待避所，	幅木，	2，	技能講習，	95，
1，	アンカー，	技術研修，	休憩所，	75

解 説

■高所作業を行う場合の安全管理に関しての語句の記入

高所作業を行う場合の安全管理に関しては，**「労働安全衛生規則第 552 条以降」**を参照する。

解答例

⑴ 高さが **(イ) 2** m 以上の箇所で作業を行なう場合で，墜落により労働者に危険を及ぼすおそれのあるときは，足場を組立てる等の方法により **(ロ) 作業床** を設けなければならない。

⑵ 高さが **(イ) 2** m 以上の **(ロ) 作業床** の端や開口部等で，墜落により労働者に危険を及ぼすおそれのある箇所には，**(ハ) 囲い**，手すり，覆い等を設けなければならない。

⑶ 架設通路で墜落の危険のある箇所には，高さ **(ニ) 85** cm 以上の手すり又はこれと同等以上の機能を有する設備を設けなくてはならない。

⑷ つり足場又は高さが 5 m 以上の構造の足場等の組立て等の作業については，足場の組立て等作業主任者 **(ホ) 技能講習** を修了した者のうちから，足場の組立て等作業主任者を選任しなければならない。

(イ)	(ロ)	(ハ)	(ニ)	(ホ)
2	作業床	囲い	85	技能講習

文章記述問題

下図に示す土止め支保工の組立て作業にあたり，**安全管理上必要な労働災害防止対策に関して労働安全衛生規則に定められている内容について 2 つ**解答欄に記述しなさい。

ただし，解答欄の（例）と同一内容は不可とする。

解　説

■土止め支保工の組立作業における安全管理に関しての記述

土止め支保工の組立作業における安全管理に関しては，主に**「労働安全衛生規則第 368 条以降」**に示されている。

解答例

労働安全衛生規則に定められている内容

①切りばり及び腹おこしは，脱落を防止するため，矢板，くい等に確実に取り付ける。

②圧縮材の継手は，突合せ継手とする。

③切りばり又は火打ちの接続部及び切りばりと切りばりの交差部は当て板をあて，ボルト締め又は溶接などで堅固なものとする。

④切りばり等の作業においては，関係者以外の労働者の立入を禁止する。

⑤材料，器具，工具等を上げ，下ろすときはつり綱，つり袋等を使用する。

⑥土止め支保工は，掘削深さ 1.5 m を超える場合に設置するものとし，4 m を超える場合は親杭横矢板工法又は鋼矢板とする。

⑦根入れ深さは，杭の場合は 1.5 m，鋼矢板の場合は 3.0 m 以上とする。

⑧腹おこしにおける部材はH－300 以上，継手間隔は 6.0 m 以上，垂直間隔は 3.0 m 以内とする。

⑨切りばりにおける部材はH－300 以上，継手間隔は 3.0 m 以上，直間隔は 3.0 m 以内とする。

上記について，**2 つを選定し記述する。**

文章記述問題

下図のような道路上で架空線と地下埋設物に近接して水道管補修工事を行う場合において，工事用掘削機械を使用する際に次の項目の事故を防止するため**配慮すべき具体的な安全対策**について，それぞれ1つ解答欄に記述しなさい。

(1)　架空線損傷事故

(2)　地下埋設物損傷事故

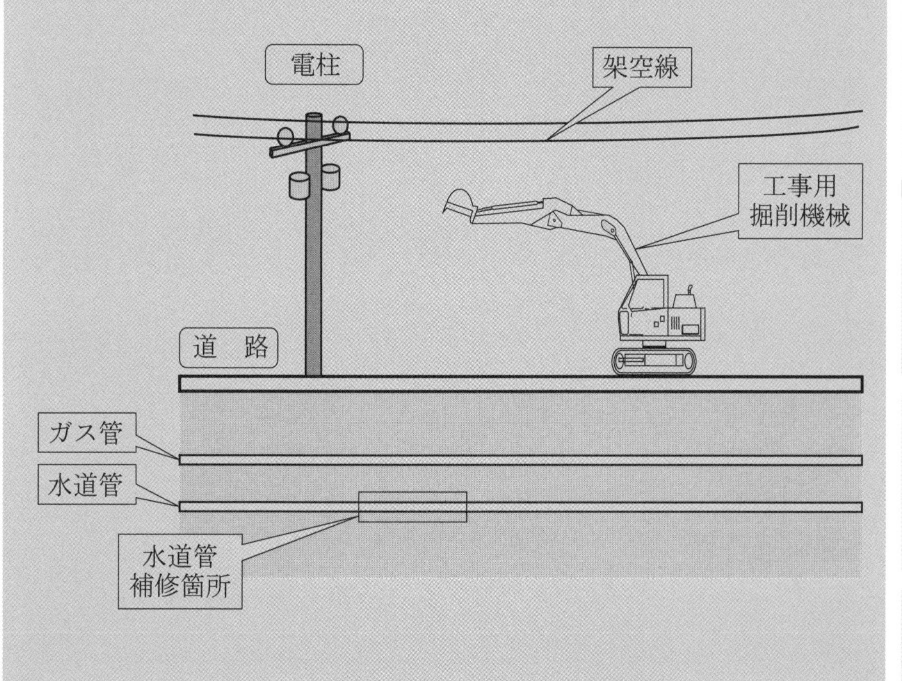

解　説

■架空線と地下埋設物に近接して行う施工に関しての記述

(1) 「架空線に近接する箇所で施工する場合」の安全管理に関しては，**「労働安全衛生規則第 349 条」**及び**「土木工事安全施工技術指針」第 3 章第 2 節 架空線等上空施設一般**において規定されている。

(2) 「地下埋設物に近接する箇所で施工する場合」の安全管理に関しては，**「建設工事公衆災害防止対策要綱［土木工事編］」第 7 章 埋設物**において規定されている。

解答例

項　目	施工上の留意事項
架空線損傷事故	・架空線上空施設への防護カバーの設置 ・工事現場の出入口等における高さ制限装置の設置 ・架空線等上空施設の位置を明示する看板等の設置 ・建設機械のブーム等の旋回・立入り禁止区域等の設定 ・架空線から十分な離隔距離を確保する。 ・感電の危険を防止するための囲いを設ける。 ・移設，囲い，防護の措置が困難なときは，監視人を置き，作業を監視させる。
地下埋設物損傷事故	・埋設物について事前に調査し，確認をする。 ・埋設物の管理者と協議し，保安上の措置を講ずる。 ・試掘により埋設物の存在が確認されたときには，布掘り，つぼ掘りにより露出させる。 ・露出した埋設物には，標示板の取り付け等により関係者に注意喚起をする。 ・埋設管付近では機械掘削を避け，人力掘削とする。 ・周囲の地盤のゆるみ，沈下等に十分注意をする。 ・ガス管の付近においては，溶接機，切断機等火気を伴う機械器具を使用しない。

上記のうち**それぞれ 1 つを選定し，記述する。**

29 年度 選択問題　安全管理

穴埋め問題

建設工事における移動式クレーンを用いる作業及び玉掛作業の安全管理に関する，クレーン等安全規則上，次の文章の［　　］の（イ）〜(ホ）に当てはまる**適切な語句を，下記の語句から選び**解答欄に記入しなさい。

(1) 移動式クレーンで作業を行うときは，一定の［（イ）］を定め，［（イ）］を行う者を指名する。

(2) 移動式クレーンの上部旋回体と［（ロ）］することにより労働者に危険が生ずるおそれの箇所に労働者を立ち入らせてはならない。

(3) 移動式クレーンに，その［（ハ）］荷重をこえる荷重をかけて使用してはならない。

(4) 玉掛作業は，つり上げ荷重が１ｔ以上の移動式クレーンの場合は，［（ニ）］講習を終了した者が行うこと。

(5) 玉掛けの作業を行うときは，その日の作業を開始する前にワイヤロープ等玉掛用具の［（ホ）］を行う。

［語句］

誘導，	定格，	特別，	旋回，	措置，
接触，	維持，	合図，	防止，	技能，
異常，	自主，	転倒，	点検，	監視

解説

■移動式クレーンを用いる作業及び玉掛け作業の安全管理に関しての語句の記入
「クレーン等安全規則」第69条～第74条，第220条，第221条を参照する。

解答例

(1) 移動式クレーンで作業を行うときは，一定の **(イ) 合図** を定め，**(イ) 合図** を行う者を指名する。(クレーン等安全規則第71条第1項)

(2) 移動式クレーンの上部旋回体と **(ロ) 接触** することにより労働者に危険が生ずるおそれの箇所に労働者を立ち入らせてはならない。
(クレーン等安全規則第74条)

(3) 移動式クレーンに，その **(ハ) 定格** 荷重をこえる荷重をかけて使用してはならない。(クレーン等安全規則第69条)

(4) 玉掛作業は，つり上げ荷重が1t以上の移動式クレーンの場合は，**(ニ) 技能** 講習を終了した者が行うこと。
(クレーン等安全規則第221条)

(5) 玉掛けの作業を行うときは，その日の作業を開始する前にワイヤロープ等玉掛用具の **(ホ) 点検** を行う。(クレーン等安全規則第220条第1項)

(イ)	(ロ)	(ハ)	(ニ)	(ホ)
合図	接触	定格	技能	点検

穴埋め問題

明り掘削作業時に事業者が行わなければならない安全管理に関し，労働安全衛生規則上，次の文章の［　　］の（イ）～（ホ）に当てはまる**適切な語句又は数値を，下記の語句又は数値から選び**解答欄に記入しなさい。

(1) 掘削面の高さが［（イ）］m 以上となる地山の掘削（ずい道及びたて坑以外の坑の掘削を除く。）作業については，地山の掘削作業主任者を選任し，作業を直接指揮させなければならない。

(2) 明り掘削の作業を行う場合において，地山の崩壊又は土石の落下により労働者に危険を及ぼすおそれのあるときは，あらかじめ，［（ロ）］を設け，防護網を張り，労働者の立入りを禁止する等当該危険を防止するための措置を講じなければならない。

(3) 明り掘削の作業を行うときは，点検者を指名して，作業箇所及びその周辺の地山について，その日の作業を開始する前，［（ハ）］の後及び中震以上の地震の後，浮石及び亀裂の有無及び状態ならびに含水，湧水及び凍結の状態の変化を点検させること。

(4) 明り掘削の作業を行う場合において，運搬機械等が労働者の作業箇所に後進して接近するとき，又は転落するおそれのあるときは，［（ニ）］者を配置しその者にこれらの機械を［（ニ）］させなければならない。

(5) 明り掘削の作業を行う場所については，当該作業を安全に行うため作業面にあまり強い影を作らないように必要な［（ホ）］を保持しなければならない。

［語句又は数値］

角度，	大雨，	3，	土止め支保工，	突風，
4，	型枠支保工，	照度，	落雷，	合図，
誘導，	濃度，	足場工，	見張り，	2

解　説

■明り掘削作業の安全管理に関しての語句・数値の記入

「労働安全衛生規則」第 358 条～第 367 条を参照する。

解答例

(1) 掘削面の高さが (イ) 2 m 以上となる地山の掘削（ずい道及びたて坑以外の坑の掘削を除く。）作業については，地山の掘削作業主任者を選任し，作業を直接指揮させせなければならない。

（労働安全衛生法施行令第 6 条第 9 号，同規則第 359 条）

(2) 明り掘削の作業を行う場合において，地山の崩壊又は土石の落下により労働者に危険を及ぼすおそれのあるときは，あらかじめ，(ロ) 土止め支保工 を設け，防護網を張り，労働者の立入りを禁止する等当該危険を防止するための措置を講じなければならない。（労働安全衛生規則第 361 条）

(3) 明り掘削の作業を行うときは，点検者を指名して，作業箇所及びその周辺の地山について，その日の作業を開始する前，(ハ) 大雨 の後及び中震以上の地震の後，浮石及び亀裂の有無及び状態ならびに含水，湧水及び凍結の状態の変化を点検させること。（労働安全衛生規則第 358 条第 1 号）

(4) 明り掘削の作業を行う場合において，運搬機械等が労働者の作業箇所に後進して接近するとき，又は転落するおそれのあるときは，(ニ) 誘導 者を配置しその者にこれらの機械を (ニ) 誘導 させせなければならない。

（労働安全衛生規則第 365 条）

(5) 明り掘削の作業を行う場所については，当該作業を安全に行うため作業面にあまり強い影を作らないように必要な (ホ) 照度 を保持しなければならない。（労働安全衛生規則第 367 条）

(イ)	(ロ)	(ハ)	(ニ)	(ホ)
2	土止め支保工	大雨	誘導	照度

穴埋め問題

建設工事における足場を用いた場合の安全管理に関して，労働安全衛生法上，次の文章の［　　］の（イ）～（ホ）に当てはまる**適切な語句又は数値を，下記の語句又は数値から選び**解答欄に記入しなさい。

⑴ 高さ［（イ）］m 以上の作業場所には，作業床を設けその端部，開口部には囲い手すり，覆い等を設置しなければならない。また，※安全帯のフックを掛ける位置は，墜落時の落下衝撃をなるべく小さくするため，腰［（ロ）］位置のほうが好ましい。

⑵ 足場の作業床に設ける手すりの設置高さは，［（ハ）］cm 以上と規定されている。

⑶ つり足場，張出し足場又は高さが 5 m 以上の構造の足場の組み立て，解体又は変更の作業を行うときは，足場の組立等［（ニ）］を選任しなければならない。

⑷ つり足場の作業床は，幅を［（ホ）］cm 以上とし，かつ，すき間がないようにすること。

［語句又は数値］

30,	作業主任者,	40,	より高い,	3,
と同じ,	1,	より低い,	100,	主任技術者,
2,	50,	75,	安全管理者,	85

※労働安全衛生規則において，「安全帯」は「**要求性能墜落制止用器具**」に改められました。
2019 年 2 月 1 日施行

解　説

■足場の安全管理に関しての語句・数値の記入

「労働安全衛生法施行令」第6条及び「同規則」第518条～第565条を参照する。

解答例

(1) 高さ **(イ) 2** m以上の作業場所には，作業床を設けその端部，開口部には囲い手すり，覆い等を設置しなければならない。(労働安全衛生規則第518条) また，※安全帯のフックを掛ける位置は，墜落時の落下衝撃をなるべく小さくするため，腰 **(ロ) より高い** 位置のほうが好ましい。

(2) 足場の作業床に設ける手すりの設置高さは，**(ハ) 85** cm以上と規定されている。(労働安全衛生規則第552条第1項第4号イ)

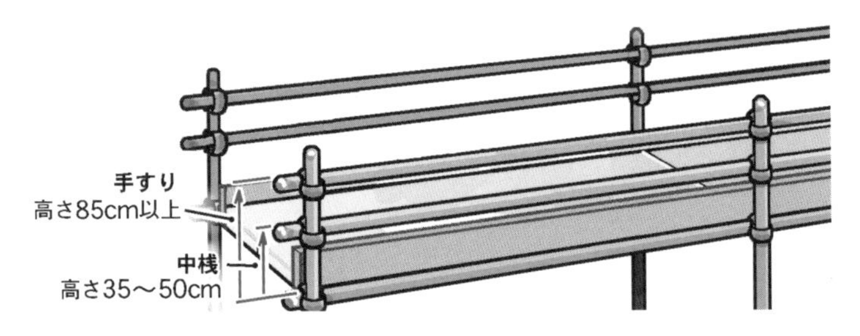

(3) つり足場，張出し足場又は高さが5m以上の構造の足場の組み立て，解体又は変更の作業を行うときは，足場の組立等 **(ニ) 作業主任者** を選任しなければならない。(労働安全衛生法施行令第6条第15号，同規則第565条)

(4) つり足場の作業床は，幅を **(ホ) 40** cm以上とし，かつ，すき間がないようにすること。(労働安全衛生規則第563条第1項第2号イ，ロ)

(イ)	(ロ)	(ハ)	(ニ)	(ホ)
2	より高い	85	作業主任者	40

※「安全帯」の名称が「要求性能墜落制止用器具」に改められ，2019年2月1日から施行されました。

穴埋め問題

事業者が，行わなければならない墜落事故の防止対策に関し，労働安全衛生規則上，次の文章の［　　］に当てはまる**適切な語句又は数値を下記の語句又は数値から選び**，解答欄に記入しなさい。

⑴　高さが 2 m 以上の箇所で作業を行う場合，労働者が墜落するおそれがあるときは，足場を組み立て［（イ）］を設けなければならない。

⑵　高さが 2 m 以上の［（イ）］の端，開口部等で墜落のおそれがある箇所には，［（ロ）］，手すり，覆い等を設けなければならない。

⑶　⑵において，［（ロ）］等を設けることが困難なときは，防網を張り，労働者に［（ハ）］を使用させる等の措置を講じなければならない。

⑷　労働者に［（ハ）］等を使用させるときは，［（ハ）］等及びその取付け設備等の異常の有無について，［（ニ）］しなければならない。

⑸　高さ又は深さが［（ホ）］mをこえる箇所で作業を行うときは，作業に従事する労働者が安全に昇降するための設備等を設けなければならない。

［語句又は数値］	安全ネット，	適宜報告，	保管管理，	支保工，
	2，	囲い，	照明，	1.5，
	保護帽，	型枠工，	2.5，	作業床，
	時々点検，	随時点検，	要求性能墜落制止用器具	

※法改正により一部改作

解説

■墜落事故防止対策に関しての語句の記入

「労働安全衛生規則」第518条～第526条を参照する。

解答例

(1) 高さが2m以上の箇所で作業を行う場合，労働者が墜落するおそれがあるときは，足場を組み立て (イ) 作業床 を設けなければならない。

(労働安全衛生規則第518条)

(2) 高さが2m以上の (イ) 作業床 の端，開口部等で墜落のおそれがある箇所には， (ロ) 囲い ，手すり，覆い等を設けなければならない。

(労働安全衛生規則第519条)

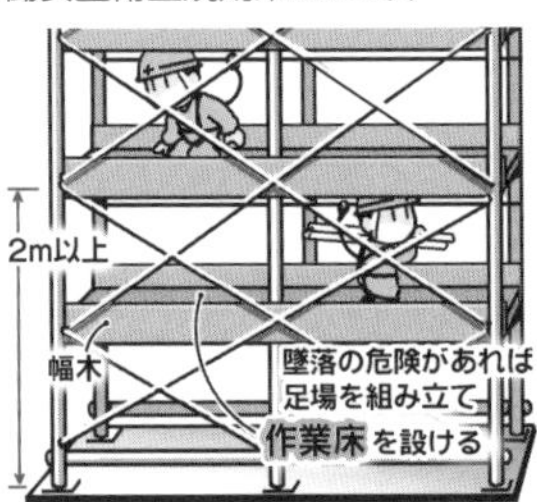

(3) (2)において， (ロ) 囲い 等を設けることが困難なときは，防網を張り，労働者に (ハ) 要求性能墜落制止用器具 を使用させる等の措置を講じなければならない。(労働安全衛生規則第519条第2項)

(4) 労働者に (ハ) 要求性能墜落制止用器具 等を使用させるときは， (ハ) 要求性能墜落制止用器具 等及びその取付け設備等の異常の有無について， (ニ) 随時点検 しなければならない。

(労働安全衛生規則第521条第2項)

(5) 高さ又は深さが (ホ) 1.5 m をこえる箇所で作業を行うときは，作業に従事する労働者が安全に昇降するための設備等を設けなければならない。

(イ)	(ロ)	(ハ)	(ニ)	(ホ)
作業床	囲い	要求性能墜落制止用器具	随時点検	1.5

※労働安全衛生規則において，「安全帯」は「**要求性能墜落制止用器具**」に改められました。

2019年2月1日施行

2級土木施工管理技術検定　第2次検定
6
施工計画

番号
工　種
作業日数（日）
1 2 3 4 5 6 7 8 9 10 11 12 13 14 15 16 17 18 19 20 21 22 23 24 25 26 27 28 29 30
① 床掘工
② 置換工
③ 基礎砕石工
④ 型枠組立工
⑤ コンクリート打込み工
⑥ 養生工
⑦ 型枠取外し工
⑧ 埋戻し工

第2次検定

6 施工計画

過去9年間 出題内容及び傾向と対策

年度	主な設問内容
令和4年	必須問題　問題2　ネットワーク式工程表と横線式工程表の特徴について適当な語句を記入する。 必須問題　問題3　土木工事の施工計画を作成するにあたって実施する事前調査について記述する。
令和3年	選択問題　問題9　ネットワーク式工程表と横線式工程表の特徴について記述する。
令和2年	選択問題　問題9　プレキャストボックスカルバートの施工手順に基づき横線式工程表（バーチャート）を作成し，所要日数を求める。
令和元年	選択問題　問題9　コンクリート側溝の施工手順に基づき横線式工程表を作成する。
平成30年	選択問題　問題9　プレキャストU型側溝の施工手順に基づき横線式工程表を作成する。
平成28年	①コンクリート擁壁の施工手順に基づき横線式工程表を作成し，所要日数を求める。

傾　向

（◎最重要項目　○重要項目　□基本項目　※予備項目）

出題項目	令和4年	令和3年	令和2年	令和元年	平成30年	平成29年	平成28年	平成27年	平成26年	重点
工程管理	○	○	○	○	○	出題なし	○	出題なし	出題なし	◎
施工計画基本的事項	○									□

対　策

／施工計画

　基本項目については，下記の基礎知識は把握しておく。

事前調査検討事項　契約条件／現場条件

仮設備計画　土留め工／指定仮設／任意仮設

施工計画　現場組織／施工方法／資材調達

／工程管理

出題は横線式工程表（バーチャート）とネットワーク式工程表からの出題が多い。他の工程表についても同じであるが，工程表を選択する目的とその特徴について理解しておくことが重要である。

工程表　横線式工程表／斜線式工程表／ネットワーク式工程表／工程管理曲線

ネットワーク式工程表　イベント／アクティビティ／フロート／クリティカルパス

工程管理曲線　S字カーブ／バナナ曲線

チェックポイント

施工計画の目標と基本方針

1 施工計画の目標

構造物を工期内に経済的かつ安全，環境，品質に配慮しつつ，施工する条件，方法を策定することである。

2 施工計画の基本方針

・過去の経験を活かしつつ新技術，新工法，改良に対する努力を行う。

・直接担当者のみならず，関係機関を含めた高度な技術水準で検討する。

・複数の代案を含め比較検討を行い，最適な計画を採用する。

・契約工期内でさらに経済的な工程を求めることも重要である。

施工体制台帳，施工体系図の作成

「建設業法第 24 条の 8」による，特定建設業者の義務として次のように規定されている。

1 施工体制台帳の作成

・4,500 万円以上の下請契約を締結し，施工する場合に作成する。

（令和 5 年 1 月 1 日法改正施行）

・下請人の名称，工事内容，工期等を明示し，工事現場に備える。

・発注者から請求があったときは，閲覧に供さなければならない。

・工事の目的物の引渡しから 5 年間保存しなければならない。

2 施工体系図の作成

・請負者は，各下請負者の施工の分担関係を明示した施工体系図を作成する。

・工事関係者が見やすい場所及び公衆が見やすい場所に掲げなければならない。

・下請負者の追加・削除により，施工体系図に変更があった場合は，速やかに施工体系図の修正を行わなければならない。

契約条件の事前調査検討事項

1 請負契約書の内容

工事内容／請負代金の額及び支払方法／工期／工事の変更，中止による損害の取扱／不可抗力による損害の取扱／物価変動に基づく変更の取扱／検査の時期及び方法並びに引き渡しの時期

2 設計図書の内容

設計内容，数量の確認／図面と現場の適合の確認／現場説明事項の内容／仕様書，仮設における規格の確認

現場条件の事前調査検討事項

①地形…………工事用地／測量杭／土取，土捨場／道水路状況／周辺民家
②地質…………土質／地層，支持層／地下水
③気象・水文…降雨／積雪／風／気温／日照／波浪／洪水
④電力・水……工事用電源／工事用取水
⑤輸送…………道路状況／鉄道／港
⑥環境・公害…騒音／振動／交通／廃棄物／地下水
⑦用地・利権…境界／地上権／水利権／漁業権
⑧労力・資材…地元，季節労働者／下請業者／価格，支払い条件／納期
⑨施設・建物…事務所／宿舎／病院／機械修理工場／警察，消防
⑩支障物………地上障害物／地下埋設物／文化財

仮設備計画の留意点

1 仮設の種類

指定仮設

契約により工種，数量，方法が規定されている。(契約変更の対象となる。)

任意仮設

施工者の技術力により工事内容，現地条件に適した計画を立案する。契約変更の対象とならない。但し，図面などにより示された施工条件に大幅な変更があった場合には設計変更の対象となり得る。)

2 仮設の設計

仮構造物であっても，使用目的，期間に応じ構造設計を行い，労働安全衛生法はじめ各種基準に合致した計画とする。

3 仮設備の内容

直接仮設

工事用道路，軌道，ケーブルクレーン／給排水設備／給換気設備／電気設備／安全設備／プラント設備／土留め，締切設備／設備の維持，撤去，後片づけ

共通仮設

現場事務所／宿舎／倉庫／駐車場／機械室

工程表の種類

工程表の種類及び特徴について，下記に整理する。

1 ガントチャート工程表（横線式）

縦軸に工種（工事名，作業名），横軸に作業の達成度を（%）で表示する。各作業の必要日数は分からず，工期に影響する作業は不明である。

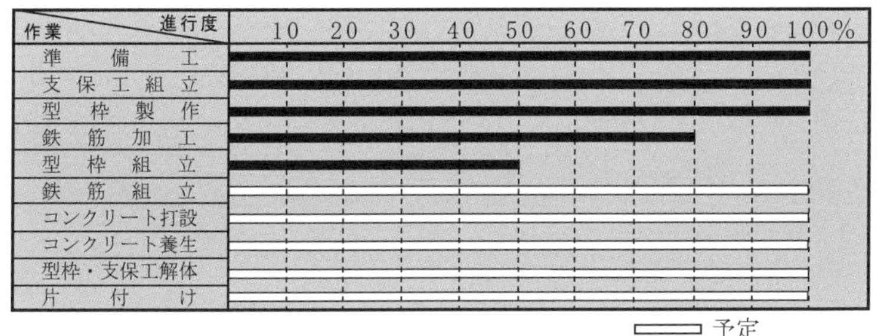

ガントチャート工程表（コンクリート構造物）

2 バーチャート工程表（横線式）

ガントチャートの横軸の達成度を工期に設定して表示する。漠然とした作業間の関連は把握できるが，工期に影響する作業は不明である。

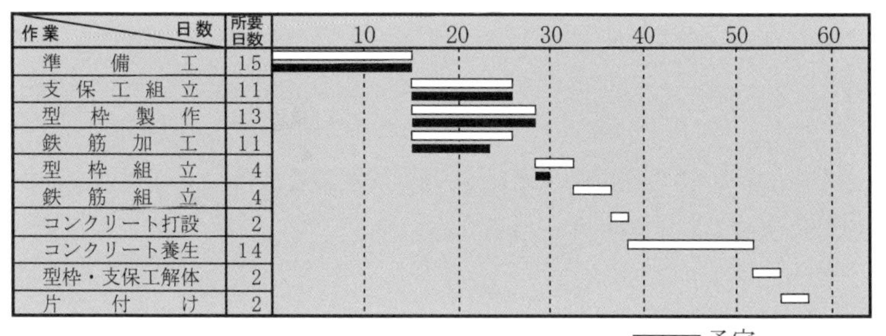

バーチャート工程表（コンクリート構造物）　　予定　実施（着手後 30 日現在）

3 斜線式工程表

縦軸に工期をとり，横軸に延長をとり，各作業毎に 1 本の斜線で，作業期間，作業方向，作業速度を示す。トンネル，道路，地下鉄工事のような線的な工事に適しており，作業進度が一目で分かるが作業間の関連は不明である。

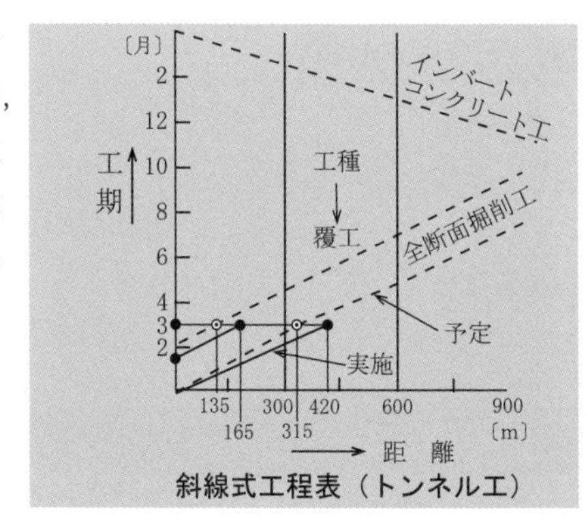

斜線式工程表（トンネル工）

4 ネットワーク式工程表

各作業の開始点（イベント○）と終点（イベント○）を矢線→で結び，矢線の上に作業名，下に作業日数を書き入れたものをアクティビティといい，全作業のアクティビティを連続的にネットワークとして表示したものである。作業進度と作業間の関連も明確となる。

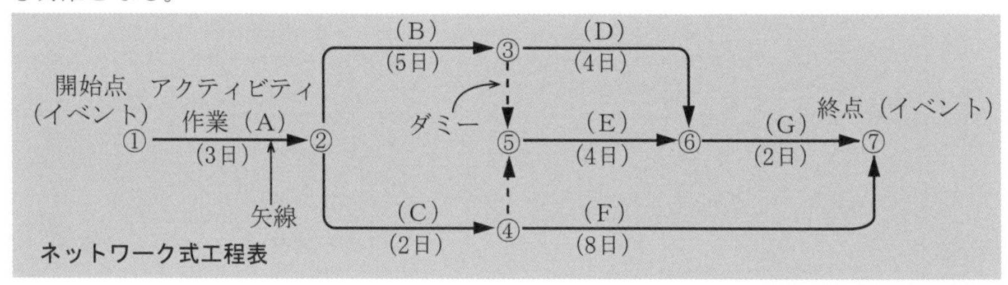

ネットワーク式工程表

5 累計出来高曲線工程表（S字カーブ）

縦軸に工事全体の累計出来高(%)，横軸に工期(%)をとり，出来高を曲線に示す。毎日の出来高と，工期の関係の曲線は山形，予定工程曲線はS字形となるのが理想である。

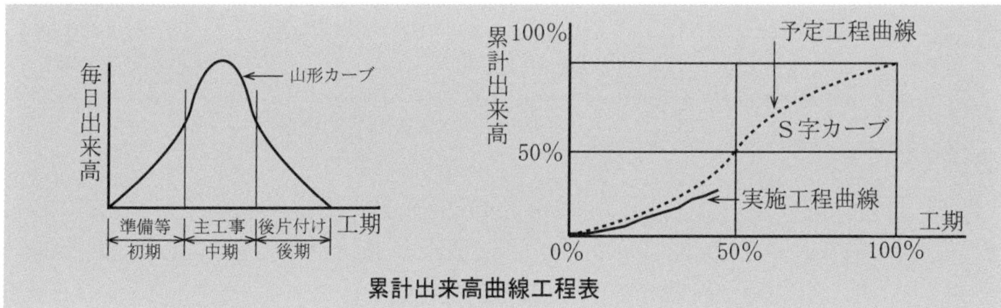

累計出来高曲線工程表

6 工程管理曲線工程表（バナナ曲線）

バーチャート工程表との組合せで工程曲線を作成し，許容範囲として上方許容限界線と下方許容限界線を示したものである。実施工程曲線が上限を超えると，工程にムリ，ムダが発生しており，下限を超えると，突貫工事を含め工程を見直す必要がある。

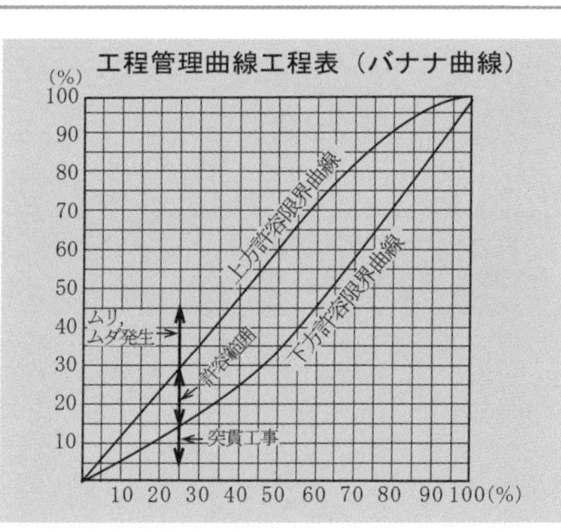

各種工程図表の比較

各種工程図表の特徴，長所及び短所について，下記に整理する。

項　目	ガントチャート	バーチャート	曲線・斜線式	ネットワーク式
作業の手順	不明	漠然	不明	判明
作業に必要な日数	不明	判明	不明	判明
作業進行の度合い	判明	漠然	判明	判明
工期に影響する作業	不明	不明	不明	判明
図表の作成	容易	容易	やや複雑	複雑
適する工事	短期, 単純工事	短期, 単純工事	短期, 単純工事	長期, 大規模工事

過去8年間の問題と解説・解答例

令和3年度 選択問題　施工計画

文章記述問題

建設工事において用いる次の工程表の**特徴について，それぞれ1つずつ**解答欄に記述しなさい。

ただし，解答欄の（例）と同一内容は不可とする。

(1)　ネットワーク式工程表

(2)　横線式工程表

解説

解答例

■工程表の特徴に関する問題

工程表	特　　徴
(1)　ネットワーク式工程表	・各作業の開始点と終点を→で結び，矢線の上に作業名，下に作業日数を書入れ，連続的にネットワークとして表示したものである。 ・作業進度と作業間の関連が明確に表せる。 ・工程表の作成は複雑だが，長期，大規模工事の工程管理に適する。
(2)　横線式工程表	・ガントチャート工程表とバーチャート工程表の2種類がある。 ・作業数の少ない簡単な作業に適している。 ・ガントチャート工程表は，縦軸に工種（工事名，作業名），横軸に作業の達成度を%で表示する。各作業の必要日数は分からず，工期に影響する作業は不明である。 ・バーチャート工程表は，縦軸に工種（工事名，作業名），横軸に作業の達成度を工期，日数で表示する。漠然とした作業間の関連は把握できるが，工期に影響する作業は不明である。

上記について，**それぞれ1つを選定し記述する。**

令和２年度 選択問題　施工計画

表作成問題

下図のようなプレキャストボックスカルバートを築造する場合，施工手順に基づき**工種名を記述し，横線式工程表（バーチャート）を作成し，全所要日数**を求め解答欄に記述しなさい。

各工種の作業日数は次のとおりとする。

・床掘工５日　・養生工７日　・残土処理工１日　・埋戻し工３日
・据付け工３日　・基礎砕石工３日　・均（なら）しコンクリート工３日

ただし，床掘工と次の工種及び据付け工と次の工種はそれぞれ１日間の重複作業で行うものとする。

また，解答用紙に記載されている工種は施工手順として決められたものとする。

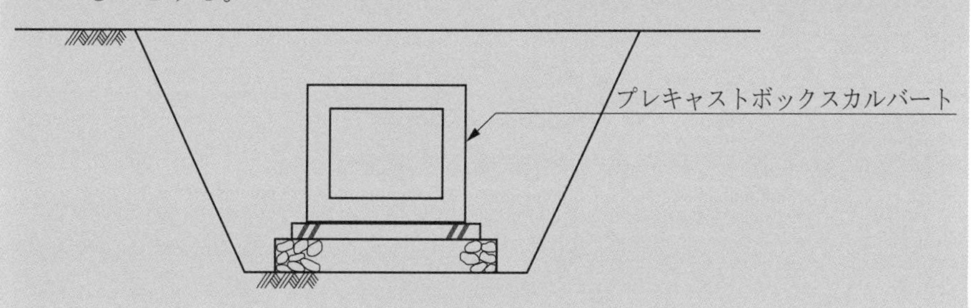

解　説

■バーチャートの作業工程表の作成及び所要日数を求める問題

施工手順としては下記のとおりとする。

①床掘工 → ②基礎砕石工 → ③均しコンクリート工 → ④養生工 → ⑤据付け工 → ⑥埋戻し工 → ⑦残土処理工

縦軸に工種，横軸に日数をとりバーチャートを作成する。ただし，床掘工と基礎砕石工及び据付け工と埋戻し工はそれぞれ１日の重複作業とする。

解答例

所要日数	23日

工種 ＼ 作業日数(日)	1	2	3	4	5	6	7	8	9	10	11	12	13	14	15	16	17	18	19	20	21	22	23	24	25
①床掘工	■	■	■	■	■																				
②基礎砕石工					■	■	■																		
③均しコンクリート工								■	■	■															
④養生工											■	■	■	■	■	■	■								
⑤据付け工																		■	■	■					
⑥埋戻し工																				■	■	■			
⑦残土処理工																							■		

令和元年度 選択問題　施工計画

文章記述問題

建設工事において用いる次の工程表の**特徴について，それぞれ1つずつ**解答欄に記述しなさい。

ただし，解答欄の（例）と同一内容は不可とする。

(1)　横線式工程表　　(2)　ネットワーク式工程表

解　説

解答例

■工程表の特徴に関する問題

項　目	特　徴
(1) 横線式工程表	①ガントチャート工程表とバーチャート工程表の2種類がある。 ②ガントチャート工程表は，縦軸に工種（工事名，作業名），横軸に作業の達成度を%で表示する。各作業の必要日数は分からず，工期に影響する作業は不明である。 ③バーチャート工程表は，ガントチャートの横軸の達成度を工期に設定して表示する。漠然とした作業間の関連は把握できるが，工期に影響する作業は不明である。
(2) ネットワーク式工程表	①各作業の開始点と終点を矢線→で結び，矢線の上に作業名，下に作業日数を書き入れ，連続的にネットワークとして表示したものである。 ②作業進度と作業間の関連が明確に表せる。 ③工程表の作成は複雑だが，長期，大規模工事の工程管理に適する。

上記について，**それぞれ1つを選定し記述する。**

令和元年度 選択問題

表作成問題

下図のような現場打ちコンクリート側溝を築造する場合，施工手順に基づき**工種名を記述し横線式工程表（バーチャート）を作成し，全所要日数**を求め解答欄に記入しなさい。

各工種の作業日数は次のとおりとする。

・側壁型枠工５日　・底版コンクリート打設工１日
・側壁コンクリート打設工２日　・底版コンクリート養生工３日
・側壁コンクリート養生工４日　・基礎工３日　・床掘工５日
・埋戻し工３日　・側壁型枠脱型工２日

ただし，床掘工と基礎工については１日の重複作業で，また側壁型枠工と側壁コンクリート打設工についても１日の重複作業で行うものとする。

また，解答用紙に記載されている工種は施工手順として決められたものとする。

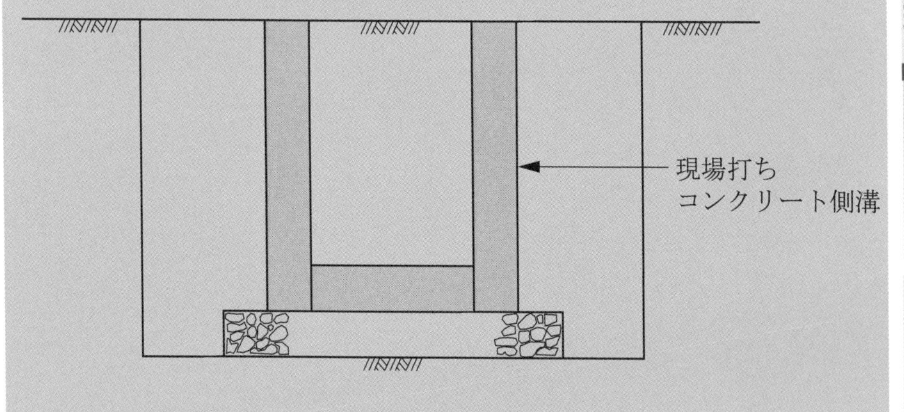

解　説

■バーチャートの作業工程表の作成及び所要日数を求める問題

施工手順としては下記のとおりとする。

①床掘工→②基礎工→③側壁型枠工→④側壁コンクリート打設工→⑤側壁コンクリート養生工→⑥側壁型枠脱型工→⑦底版コンクリート打設工→⑧底版コンクリート養生工→⑨埋戻し工

縦軸に工種，横軸に日数をとりバーチャートを作成する。ただし，床掘工と基礎工は 1 日の重複作業，側壁型枠工と側壁コンクリート打設工は 1 日の重複作業とする。

解答例

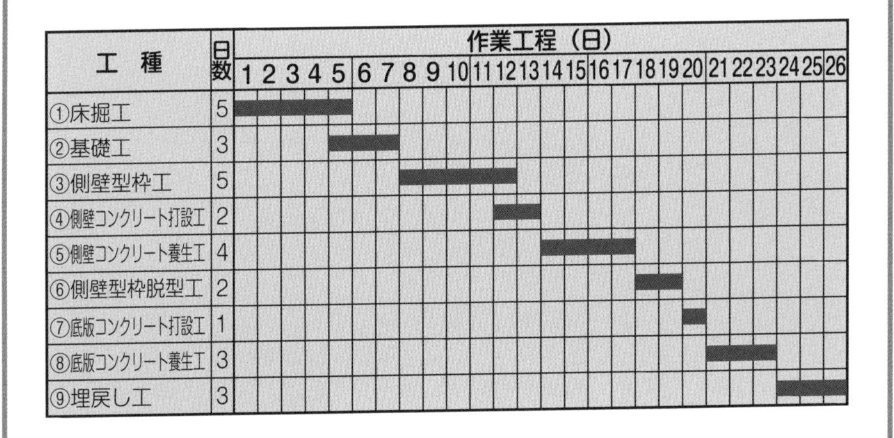

工　種	日数	作業工程（日）
①床掘工	5	
②基礎工	3	
③側壁型枠工	5	
④側壁コンクリート打設工	2	
⑤側壁コンクリート養生工	4	
⑥側壁型枠脱型工	2	
⑦底版コンクリート打設工	1	
⑧底版コンクリート養生工	3	
⑨埋戻し工	3	

全所要日数	26 日

表作成問題

下図のようなプレキャストU型側溝を築造する場合，施工手順に基づき**工種名を記入し横線式工程表（バーチャート）を作成し，全所要日数を求め**解答欄に記述しなさい。

ただし，各工種の作業日数は下記の条件とする。
床掘工 5 日，据付け工 4 日，埋戻し工 2 日，基礎工 3 日，敷モルタル工 4 日，残土処理工 1 日とし，基礎工については床掘工と 2 日の重複作業，また，敷モルタル工と据付け工は同時作業で行うものとする。

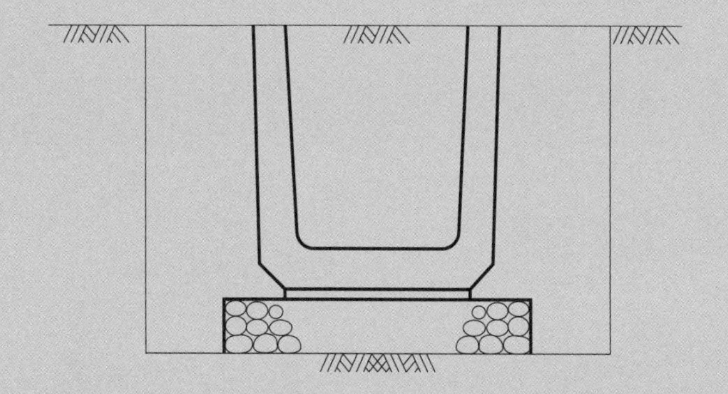

U型側溝施工断面図

解　説

■バーチャートの作業工程表の作成及び所要日数を求める問題

施工手順としては下記のとおりとする。

①床掘工 → ②基礎工 → ③敷モルタル工 → ④据付け工→⑤埋戻し工→⑥残土処理工

縦軸に工種，横軸に日数をとりバーチャートを作成する。ただし，床掘工と基礎工は2日の重複作業，据付け工と敷モルタル工は同時作業とする。

解答例

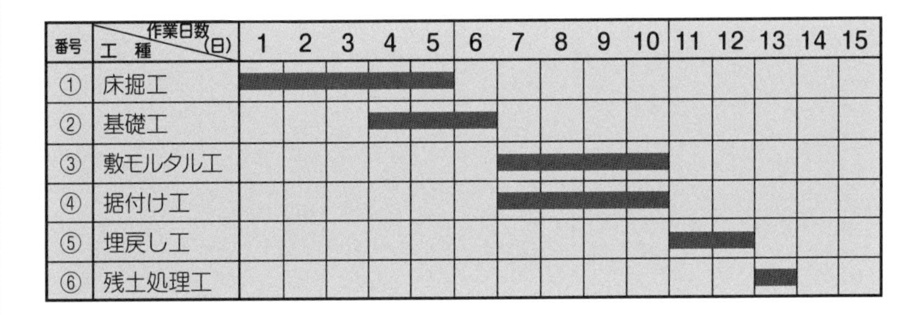

全所要日数	13日

2級土木施工管理技術検定　第2次検定

7

環境保全対策等

第 2 次検定

7 環境保全対策等

出題内容及び傾向と対策

年度	主な設問内容
令和 4 年	選択問題　問題 9　ブルドーザ又はバックホウを用いて行う建設工事で具体的な騒音防止対策を記述する。
令和 3 年	（出題なし）
令和 2 年	（出題なし）
令和元年	（出題なし）
平成 30 年	（出題なし）
平成 29 年	選択問題　問題 9　資源有効利用促進法における，建設副産物の利用用途について記述する。
平成 28 年	（出題なし）
平成 27 年	選択問題　問題 9　建設機械による騒音防止対策について記述する。
平成 26 年	①建設リサイクル法における特定建設資材の再資源化について記述する。

傾　向

（◎最重要項目　○重要項目　□基本項目　※予備項目）

出題項目	令和 4 年	令和 3 年	令和 2 年	令和元年	平成 30 年	平成 29 年	平成 28 年	平成 27 年	平成 26 年	重点
建設リサイクル法		出	出	出	出		出		○	□
廃棄物処理		題	題	題	題		題			□
建設副産物適正処理		な	な	な	な	○	な			□
騒音・振動対策	○	し	し	し	し		し	○		□

対 策

建設リサイクル法・資源利用法

近年出題は少なくなってきているが，重要項目としてしっかりと理解する。

副産物

産業廃棄物／指定副産物／特定建設資材

再生資源

再生資源利用計画（搬入）／再生資源利用促進計画（搬出）／分別解体

建設副産物適正処理

建設リサイクル法（建設工事に係る資材の再資源化等に関する法律）に関連する出題が多く，整理しておく必要がある。

建設副産物

建設発生土／建設廃棄物／コンクリート塊

元請業者の責務

建設副産物発生抑制／分別解体／再資源化／適正処理

廃棄物処理

減少傾向であるが基本事項であり，内容を整理しておく。

廃棄物

一般廃棄物／産業廃棄物／特別管理産業廃棄物

廃棄物処理法

マニフェスト制度／排出業者の義務

最終処分場

安定型／管理型／遮断型

騒音・振動対策

時折出題されており第 1 次検定における「騒音規制法・振動規制法」の要点は整理しておく。

騒音規制法

指定地域／特定建設作業／届出／規制値

振動規制法

指定地域／特定建設作業／届出／規制値

チェックポイント

建設リサイクル法（建設工事に係る資材の再資源化等に関する法律）

1 特定建設資材

①定　義

コンクリート，木材その他建設資材のうち，建設資材廃棄物になった場合におけるその再資源化が資源の有効な利用及び廃棄物の減量を図る上で特に必要であり，かつ，その再資源化が経済性の面において制約が著しくないと認められるものとして政令で定められるもの。（「建設工事に係る資材の再資源化に関する法律」第2条第5項）

②種　類

コンクリート／コンクリート及び鉄から成る建設資材／木材／アスファルト・コンクリート

2 分別解体及び再資源化等の義務

①対象建設工事の規模の基準

建築物の解体	床面積 80 m^2 以上
建築物の新築	床面積 500 m^2 以上
建築物の修繕・模様替	工事費 1 億円以上
その他の工作物（土木工作物等）	工事費 500 万円以上

②届　出

対象建設工事の発注者又は自主施工者は，**工事着手の 7 日前**までに，建築物等の構造，工事着手時期，分別解体等の計画について，**都道府県知事に届け出る。**

③解体工事業

建設業の許可が不要な小規模の解体工事業者も都道府県知事の登録を受け，**5 年ごとに更新**する。

資源有効利用促進法（資源の有効な利用の促進に関する法律）

1 建設指定副産物

建設工事に伴って副次的に発生する物品で，再生資源として利用可能なものとして，次の 4 種が指定されている。

建設指定副産物	再　生　資　源
建設発生土	構造物埋戻し・裏込め材料／道路盛土材料／宅地造成用材料／河川築堤材料／水面埋立用材料
コンクリート塊	再生骨材／道路路盤材料／構造物基礎材
アスファルト・コンクリート塊	再生骨材／道路路盤材料／構造物基礎材
建設発生木材	製紙用及びボードチップ（破砕後）

2 再生資源利用計画及び再生資源利用促進計画

	再生資源利用計画	再生資源利用促進計画
計画作成工事	次の各号のいずれかに該当する建設資材を搬入する建設工事 1. 土砂………体積 500 m^3 以上 2. 砕石………重量 500 t 以上 3. 加熱アスファルト混合物 ………重量 200 t 以上	次の各号のいずれかに該当する指定副産物を搬出する建設工事 1. 土建設発生土………体積 500 m^3 以上 2. コンクリート塊，アスファルト・コンクリート塊，建設発生木材 ………合計重量 200 t 以上
求める内容	1. 元請建設工事事業者等の商号，名称又は氏名 2. 工事現場に置く責任者の氏名 3. 建設資材ごとの利用量 4. 利用量のうち再生資源の種類ごとの利用量 5. そのほか再生資源利用に関する事項	1. 元請建設工事事業者等の商号，名称又は氏名 2. 工事現場に置く責任者の氏名 3. 指定副産物の種類ごとの工事現場内における利用量及び再資源化施設又は他の建設工事現場等への搬出量 4. そのほか指定副産物にかかわる再生資源の利用の促進に関する事項
保存	当該工事完成後 5 年間	当該工事完成後 5 年間

（令和 5 年 1 月 1 日改正施行）

廃棄物処理法（廃棄物の処理及び清掃に関する法律）

1 廃棄物の種類

一般廃棄物　産業廃棄物以外の廃棄物

産業廃棄物　事業活動に伴って生じた廃棄物のうち法令で定められた 20 種類のもの（燃え殻，汚泥，廃油，廃酸，廃アルカリ，紙くず，木くず等）

特別管理一般廃棄物及び特別管理産業廃棄物
爆発性，感染性，毒性，有害性があるもの

2 産業廃棄物管理票（マニフェスト）

マニフェスト制度

・排出事業者（元請人）が，廃棄物の種類ごとに収集運搬及び処理を行う受託者に交付する。

・マニフェストには，種類，数量，処理内容等の必要事項を記載する。

・収集運搬業者はA票を，処理業者は D 票を事業者に返送する。

・排出事業者は，マニフェストに関する報告を都道府県知事に，年 1 回提出する。

・マニフェストの写しを送付された事業者，収集運搬業者，処理業者は，この写しを 5 年間保存する。

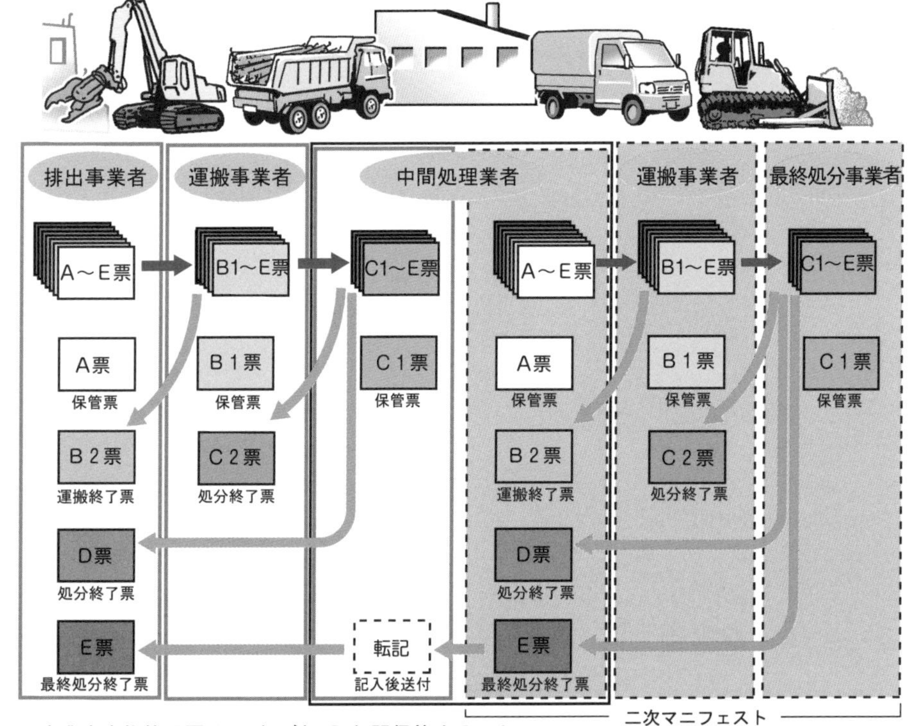

※産業廃棄物管理票は，それぞれ 5 年間保管すること。

3 処分場の形式と処分できる廃棄物

（「廃棄物の処理及び清掃に関する法律」第 12 条第 1 項，同法律施行令第 6 条）

処分場の形式	廃棄物の内容	処分できる廃棄物
安定型処分場	地下水を汚染するおそれのないもの	廃プラスチック類，ゴムくず，金属くず，ガラスくず及び陶磁器くず，がれき類
管理型処分場	地下水を汚染するおそれのあるもの	廃油（タールピッチ類に限る。），紙くず，木くず，繊維くず，汚泥，廃石膏ボード
遮断型処分場	有害な廃棄物	埋立処分基準に適合しない燃え殻，ばいじん，汚泥，鉱さい

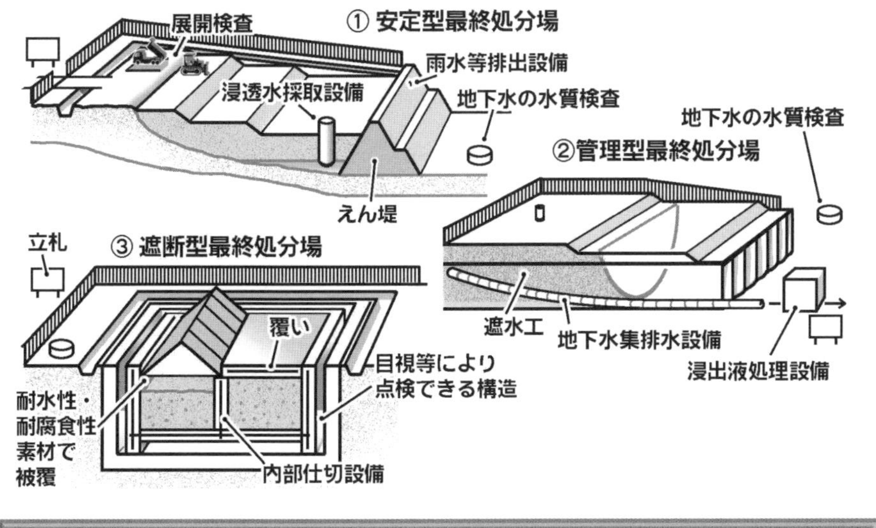

騒音・振動防止対策の基本方針

1 防止対策の基本

・対策は発生源において実施することが基本である。

・騒音・振動は発生源から離れるほど低減される。

・影響の大きさは，発生源そのものの大きさ以外にも，発生時間帯，発生時間及び連続性等に左右される。

2 騒音・振動の測定・調査

・調査地域を代表する地点，すなわち，影響が最も大きいと思われる地点を選んで実施する。

・騒音・振動は周辺状況，季節，天候等の影響により変動するので，測定は平均的な状況を示すときに行う。

・施工前と施工中との比較を行うため，日常発生している，暗騒音，暗振動を事前に調査し把握する必要がある。

騒音規制法及び振動規制法の概要

1 騒音規制法

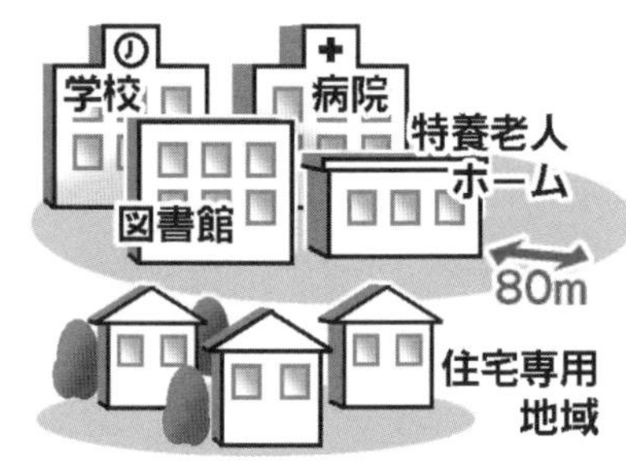

指定地域

静穏の保持を必要とする地域／住居が集合し，騒音発生を防止する必要がある地域／学校，病院，図書館，特養老人ホーム等の周囲 80 m の区域内

特定建設作業

くい打機・くい抜機／びょう打機／削岩機／空気圧縮機／コンクリートプラント，アスファルトプラント／バックホウ／トラクターショベル／ブルドーザをそれぞれ使用する作業

届　出

指定地域内で特定建設作業を行う場合に，7 日前までに都道府県知事（市町村長へ委任）へ届け出る。(災害等緊急の場合はできるだけ速やかに)

規制値

85 dB 以下／連続 6 日，日曜日，休日の作業

2 振動規制法

指定地域

住居集合地域，病院，学校の周辺地域で知事が指定する。

特定建設作業

くい打機・くい抜機／舗装版破砕機／ブレーカーをそれぞれ使用する作業／鋼球を使用して工作物を破壊する作業

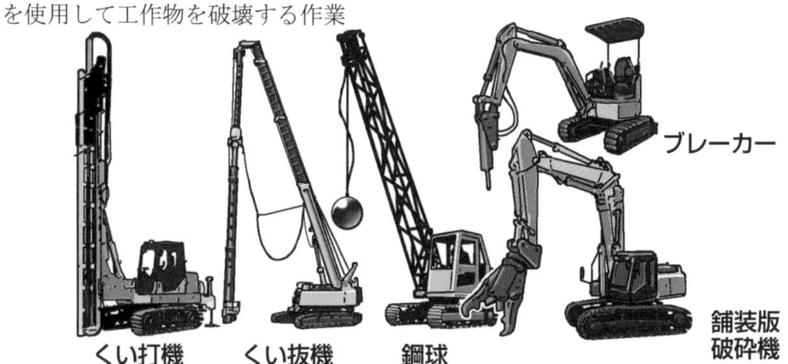

届　出

指定地域内で特定建設作業を行う場合に，7日前までに都道府県知事（市町村長へ委任）へ届け出る。（災害等緊急の場合はできるだけ速やかに）

規制値

75 dB 以下／連続6日，日曜日，休日の作業禁止

施工における騒音・振動防止対策

1 施工計画

・作業時間は周辺の生活状況を考慮し，できるだけ短時間で，昼間工事が望ましい。

・騒音・振動の発生量は施工方法や使用機械に左右されるので，できるだけ低騒音・低振動の施工方法，機械を選択する。

・騒音・振動の発生源は，居住地から遠ざけ，距離による低減を図る。

・工事による影響を確認するために，施工中や施工後においても周辺の状況を把握し，対策を行う。

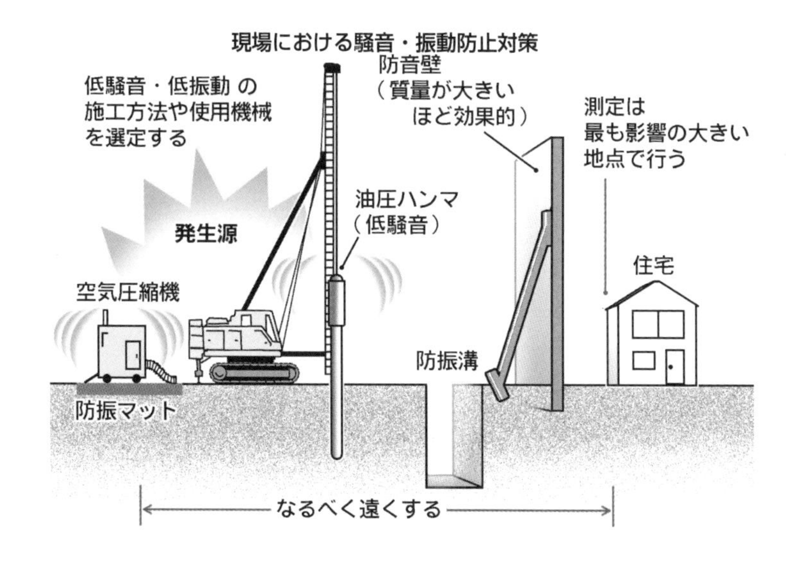

2 低減対策

・高力ボルトの締付けは，油圧式・電動式レンチを用いると，インパクトレンチより騒音は低減できる。

・車両系建設機械は，大型，新式，回転数少のものがより低減できる。

・ポンプは回転式がより低減できる。

過去 8 年間の問題と解説・解答例

29 年度 選択問題　環境保全対策等

記述問題

「資源の有効な利用の促進に関する法律」上の建設副産物である，**建設発生土とコンクリート塊の利用用途についてそれぞれ**解答欄に記述しなさい。

ただし，利用用途はそれぞれ異なるものとする。

解 説

■建設副産物の利用用途に関する問題

建設副産物の利用用途については，「資源の有効な利用の促進に関する法律」に関連する，**「建設業に属する事業を行う者の再生資源の利用に関する判断の基準となるべき事項を定める省令」**に定められている。

解答例

建設副産物	利用用途
建設発生土	・工作物の埋戻し材料 ・土木構造物の裏込材 ・道路盛土材料 ・河川築堤材料
コンクリート塊	・道路舗装の路盤材料 ・土木構造物の基礎材

上記について，**それぞれ 1 つを選定し記述する。**

27 年度 選択問題　環境保全対策等

記述問題

ブルドーザ又はバックホゥを用いて行う建設工事に関する騒音防止のための，**具体的な対策を 2 つ**解答欄に記述しなさい。

解　説

■建設機械作業における騒音防止に関しての記述

ブルドーザ又はバックホウの騒音防止に関しては，**「建設工事に伴う騒音振動対策技術指針」**第 6 章　土工に示されている。

解答例

・低騒音型の建設機械を使用する。
・ブルドーザの作業時に，不必要な空ふかしや，高負荷での運転を避ける。
・ブルドーザの作業時に，後進時の高速走行を避ける。
・夜間や休日での作業を自粛する。
・作業現場に防音シートを設置する。

上記について，**2 つを選定し記述する。**

26 年度 選択問題　環境保全対策等

記述問題

「建設工事に係る資材の再資源化等に関する法律」（建設リサイクル法）により定められている**下記の特定建設資材から 2 つ選び，再資源化後の材料名又は主な利用用途をそれぞれ 1 つ**解答欄に記入しなさい。

ただし，それぞれの解答は異なるものとする。

・コンクリート
・コンクリート及び鉄から成る建設資材
・木材
・アスファルト・コンクリート

解　説

■建設リサイクル法における特定建設資材の再資源化に関しての記述問題

「建設工事に係る資材の再生資源化等に関する法律施行令」第 1 条では，下記の 4 つが指定されている。

解答例

特定建設資材	再資源化後の材料名又は主な利用用途
コンクリート	再生骨材　再生路盤材 再生クラッシャーラン
コンクリート及び鉄から成る建設資材	再生路盤材　再生骨材　再生砕石
木材	木質チップ　再生木質ボード　燃料　堆肥
アスファルト・コンクリート	再生加熱アスファルト混合物

上記のうち **2 つを選定し，それぞれ 1 つを記述する。**

令和４年度
２級土木施工管理技術検定
第２次検定試験問題（種別：土木）

次の注意をよく読んでから解答してください。

【注　意】

1. これは第２次検定（種別：土木）の試験問題です。表紙とも４枚９問題あります。
2. 解答用紙の表紙に試験地，受検番号，氏名を間違いのないように記入してください。
3. 問題１～問題５は必須問題ですので必ず解答してください。
   問題１の解答が無記載等の場合，問題２以降は採点の対象となりません。
4. 問題６～問題９までは選択問題（1），（2）です。
   問題６，問題７の選択問題（1）の２問題のうちから１問題を選択し解答してください。
   問題８，問題９の選択問題（2）の２問題のうちから１問題を選択し解答してください。
   それぞれの選択指定数を超えて解答した場合は，減点となります。
5. 試験問題の漢字のふりがなは，問題文の内容に影響を与えないものとします。
6. 選択した問題は，解答用紙の選択欄に○印を必ず記入してください。
7. 解答は，解答用紙の所定の解答欄に記入してください。
   解答には，漢字のふりがなは必要ありません。
8. 解答は，鉛筆又はシャープペンシルで記入してください。
   （万年筆・ボールペンの使用は不可）
8. 解答を訂正する場合は，プラスチック消しゴムでていねいに消してから訂正してください。
9. この問題用紙の余白は，計算等に使用してもさしつかえありません。
10. 解答用紙を必ず試験監督者に提出後，退室してください。
    解答用紙はいかなる場合でも持ち帰りはできません。
11. 試験問題は，試験終了時刻（16時00分）まで在席した方のうち，
    希望者に限り持ち帰りを認めます。途中退室した場合は，持ち帰りはできません。

（※実際の試験問題は総ルビ）

令和4年度 2級土木施工管理技術検定 第2次検定試験問題

※問題1～問題5は必須問題です。必ず解答してください。
問題1で
① 設問1の解答が無記載又は記述漏れがある場合，
② 設問2の解答が無記載又は設問で求められている内容以外の記述の場合，
どちらの場合にも問題2以降は採点の対象となりません。

必須問題

【問題 1】 あなたが経験した土木工事の現場において，工夫した品質管理又は工夫した工程管理のうちから1つ選び，次の〔設問1〕，〔設問2〕に答えなさい。

〔注意〕 あなたが経験した工事でないことが判明した場合は失格となります。

〔設問1〕 あなたが**経験した土木工事**に関し，次の事項について解答欄に明確に記述しなさい。

〔注意〕 「経験した土木工事」は，あなたが工事請負者の技術者の場合は，あなたの所属会社が受注した工事内容について記述してください。従って，あなたの所属会社が二次下請業者の場合は，発注者名は一次下請業者名となります。

なお，あなたの所属が発注機関の場合の発注者名は，所属機関名となります。

(1) **工 事 名**
(2) **工事の内容**
① **発注者名**
② **工事場所**
③ **工 期**
④ **主な工種**
⑤ **施工量**（せこうりょう）
(3) **工事現場における施工管理上のあなたの立場**

〔設問2〕 上記工事で実施した**「現場で工夫した品質管理」又は「現場で工夫した工程管理」**のいずれかを選び，次の事項について解答欄に具体的に記述しなさい。

(1) 特に留意した**技術的課題**
(2) 技術的課題を解決するために**検討した項目と検討理由及び検討内容**
(3) 上記検討の結果，**現場で実施した対応処置とその評価**

必須問題

【問題 2】

建設工事に用いる工程表に関する次の文章の［　　］の (イ)～(ホ)に当てはまる**適切な語句を，下記の語句から選び**解答欄に記入しなさい。

⑴ 横線式工程表には，バーチャートとガントチャートがあり，バーチャートは縦軸に部分工事をとり，横軸に必要な［(イ)］を棒線で記入した図表で，各工事の工期がわかりやすい。ガントチャートは縦軸に部分工事をとり，横軸に各工事の［(ロ)］を棒線で記入した図表で，各工事の進捗状況がわかる。

⑵ ネットワーク式工程表は，工事内容を系統的に明確にし，作業相互の関連や順序，［(ハ)］を的確に判断でき，［(ニ)］工事と部分工事の関連が明確に表現できる。また，［(ホ)］を求めることにより重点管理作業や工事完成日の予測ができる。

［語句］

アクティビティ，	経済性，	機械，	人力，	施工時期（せこうじき），
クリティカルパス，	安全性，	全体，	費用，	掘削，
出来高比率，	降雨日，	休憩，	日数，	アロー

必須問題

【問題 3】

土木工事の施工計画（せこうけいかく）を作成するにあたって実施する，事前の調査について，**下記の項目①～③から2つ選び**，**その番号**，**実施内容**について，解答欄の（例）を参考にして，解答欄に記述しなさい。

ただし，解答欄の（例）と同一の内容は不可とする。

① 契約書類の確認

② 自然条件の調査

③ 近隣環境の調査

必須問題

【問題　4】

コンクリート養生の役割及び具体的な方法に関する次の文章の［　　］の（イ）～（ホ）に当てはまる**適切な語句を，下記の語句から選び**解答欄に記入しなさい。

(1) 養生とは，仕上げを終えたコンクリートを十分に硬化させるために，適当な［（イ）］と湿度を与え，有害な［（ロ）］等から保護する作業のことである。

(2) 養生では，散水，湛水（たんすい），［（ハ）］で覆う等して，コンクリートを湿潤状態に保つことが重要である。

(3) 日平均気温が［（ニ）］ほど，湿潤養生に必要な期間は長くなる。

(4) ［（ホ）］セメントを使用したコンクリートの湿潤養生期間は，普通ポルトランドセメントの場合よりも長くする必要がある。

［語句］

早強ポルトランド，	高い，	混合，	合成，	安全，
計画，	沸騰，	温度，	暑い，	低い，
湿布，	養分，	外力，	手順，	配合

必須問題

【問題　5】

盛土の安定性や施工性（せこうせい）を確保し，良好な品質を保持するため，**盛土材料として望ましい条件を2つ**解答欄に記述しなさい。

問題 6～問題 9 までは選択問題（1），（2）です。

※問題 6，問題 7 の選択問題（1）の 2 問題のうちから 1 問題を選択し解答してください。
なお，選択した問題は，解答用紙の選択欄に○印を必ず記入してください。

選択問題（1）

【問題 6】

土の原位置試験とその結果の利用に関する次の文章の［　　］の（イ）～（ホ）に当てはまる**適切な語句を，下記の語句から選び**解答欄に記入しなさい。

⑴ 標準貫入試験は，原位置における地盤の硬軟，締まり具合又は土層の構成を判定するための［（イ）］を求めるために行い，土質柱状図や地質［（ロ）］を作成することにより，支持層の分布状況や各地層の連続性等を総合的に判断できる。

⑵ スウェーデン式サウンディング試験は，荷重による貫入と，回転による貫入を併用した原位置試験で，土の静的貫入抵抗を求め，土の硬軟又は締まり具合を判定するとともに［（ハ）］の厚さや分布を把握するのに用いられる。

⑶ 地盤の平板載荷試験は，原地盤に剛な載荷板を設置して垂直荷重を与え，この荷重の大きさと載荷板の［（ニ）］との関係から，［（ホ）］係数や極限支持力等の地盤の変形及び支持力特性を調べるための試験である。

［語句］

含水比，	盛土，	水温，	地盤反力，	管理図，
軟弱層，	N 値，	P 値，	断面図，	経路図，
降水量，	透水，	掘削，	圧密，	沈下量

選択問題 (1)

【問題　7】

レディーミクストコンクリート（JIS A 5308）の受入れ検査に関する次の文章の［　　］の(イ)～(ホ) に当てはまる**適切な語句又は数値を，下記の語句又は数値から選び**解答欄に記入しなさい。

⑴　スランプの規定値が 12 cm の場合，許容差は ±［(イ)］cm である。

⑵　普通コンクリートの［(ロ)］は 4.5％であり，許容差は ±1.5％である。

⑶　コンクリート中の［(ハ)］含有量は 0.30 kg/m³ 以下と規定されている。

⑷　圧縮強度の 1 回の試験結果は，購入者が指定した［(ニ)］強度の強度値の［(ホ)］％以上であり，3 回の試験結果の平均値は，購入者が指定した［(ニ)］強度の強度値以上である。

［語句又は数値］

単位水量,	空気量,	85,	塩化物,	75,
せん断,	95,	引張,	2.5,	不純物,
7.0,	呼び,	5.0,	骨材表面水率,	アルカリ

※問題 8，問題 9 の選択問題 (2) の 2 問題のうちから 1 問題を選択し解答してください。
なお，選択した問題は，解答用紙の選択欄に○印を必ず記入してください。

選択問題 (2)

【問題　8】

建設工事における高さ 2 m 以上の高所作業を行う場合において，労働安全衛生法で定められている事業者が実施すべき**墜落等による危険の防止対策を，2 つ**解答欄に記述しなさい。

選択問題 (2)

【問題　9】

ブルドーザ又はバックホゥを用いて行う建設工事における**具体的な騒音防止対策を，2 つ**解答欄に記述しなさい。

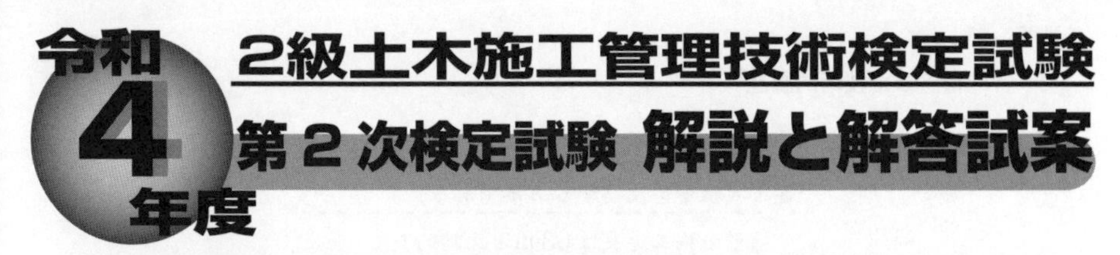

第2次検定試験については，試験実施機関から解答の公表はありません。この「解説と解答試案」は，本書の執筆者が独自に試験問題を解析した解答試案です。内容についてのお問合せは，一切お受けできませんのでご注意ください。

【問題 1】 施工経験記述問題

［記述のヒント］

・今年度の設問は**「品質管理」**又は**「工程管理」**に関する問題で下記の点に注意する。

①品質管理：各種工事（コンクリート工事，土工事等），材料等の品質確保の基本事項について，実際の施工において経験したものをいずれか1つを整理する。

②工程管理：工程確保，工期確保，工期短縮，進捗管理等の基本事項について，実際の施工において経験したものをいずれか1つ整理する。

上記のうちいずれか1つについて整理して記述するもので,「品質管理」あるいは「工程管理」のどちらかに絞った解答とする。（両方の記述はしない。）

指定される記述行数が年度により異なる場合があるので，注意が必要である。

・自らの経験記述の問題であるので，解答は省略するが，参考としての記述例を下記に示す。（合格点を保証するものではない。）

〔記述例〕

〔設問 1〕

(1) 工事名

工事名	○○調整池改修工事

(2) 工事の内容

①	発注者名	京都府○○広域振興局
②	工事場所	京都府○○市○○町地先
③	工期	令和○○年7月22日～令和○○年1月26日
④	主な工種	擁壁工（鉄筋コンクリート工）
⑤	施工量	コンクリート打設量730 m^3

(3) 工事現場における施工管理上のあなたの立場

立場	現場監督

〔設問　2〕

(1)　特に留意した**技術的課題**

本工事は、〇〇地区防災調整池の現場打ち逆T式擁壁を改築する工事である。

擁壁の施工延長は63 mと比較的長く、また、コンクリート総打設量が730 m^3 と多いことから、打継目が必要になる。

施工にあたり、打継目コールドジョイント発生防止を課題とした。

(2)　技術的課題を解決するために**検討した項目と検討理由及び検討内容**

コンクリート打継目のコールドジョイント発生を防止するために、次のことを行った。

擁壁立壁のコンクリートを打ち込む際、外気温を測定したところ26度であったため、打ち重ね時間間隔を2時間以内とする区画を計画した。また、1層の高さを30 cm程度とし、バイブレータをコンクリートの流れの先端に追従させながら、ジョイント面を十分に締め固めた。コンクリートの練り混ぜから打ち込み時間を短くし、コールドジョイントの発生を防止し、コンクリートの品質を確保した。

(3)　上記検討の結果，**現場で実施した対応処置とその評価**

コールドジョイントの発生を防止するため、次の対応処置を行った。

練り混ぜから打ち込みの時間が80分となることから、測定した外気温26度より、打ち重ね時間間隔を2時間以内とした。

バイブレータを下層に10 cm程度入れ、十分に締め固めを行うように施工した。

対応処置の結果、コンクリートの品質を確保し、確実な施工を実施することができた。

【問題　2】 施工計画に関する問題

建設工事に用いる工程表に関する語句の記入

〔解答例〕

(1) 横線式工程表には，バーチャートとガントチャートがあり，バーチャートは縦軸に部分工事をとり，横軸に必要な **(イ) 日数** を棒線で記入した図表で，各工事の工期がわかりやすい。ガントチャートは縦軸に部分工事をとり，横軸に各工事の **(ロ) 出来高比率** を棒線で記入した図表で，各工事の進捗状況がわかる。

(2) ネットワーク式工程表は，工事内容を系統的に明確にし，作業相互の関連や順序，**(ハ) 施工時期** を的確に判断でき，**(ニ) 全体** 工事と部分工事の関連が明確に表現できる。また，**(ホ) クリティカルパス** を求めることにより重点管理作業や工事完成日の予測ができる。

(イ)	(ロ)	(ハ)	(ニ)	(ホ)
日数	出来高比率	施工時期	全体	クリティカルパス

【問題　3】 施工計画に関する問題

施工計画を作成するにあたって実施する事前調査の実施内容についての記述

〔解答例〕

項目	実施内容
① 契約書類の確認	・工事の目的 ・工事の場所 ・工事の工期，請負金額 ・工事の内容 ・工事の契約条件
② 自然条件の調査	・現場の地形 ・現場の地質 ・現場の地下水
③ 近隣環境の調査	・現場付近の地下埋設物，文化財の有無 ・現場付近の交通量 ・現場付近の通学路 ・現場付近の定期バス等交通問題

上記の項目①～③から2つ選定し，それぞれ記述する。

【問題 4】 コンクリートに関する問題

コンクリートの養生に関する語句の記入

「コンクリート標準示方書 ［施工編］施工標準：8章 養生」を参照する。

〔解答例〕

(1) 養生とは，仕上げを終えたコンクリートを十分に硬化させるために，適当な **(イ) 温度** と湿度を与え，有害な **(ロ) 外力** 等から保護する作業のことである。

(2) 養生では，散水，湛水，**(ハ) 湿布** で覆う等して，コンクリートを湿潤状態に保つことが重要である。

(3) 日平均気温が **(ニ) 低い** ほど，湿潤養生に必要な期間は長くなる。

(4) **(ホ) 混合** セメントを使用したコンクリートの湿潤養生期間は，普通ポルトランドセメントの場合よりも長くする必要がある。

(イ)	(ロ)	(ハ)	(ニ)	(ホ)
温度	**外力**	**湿布**	**低い**	**混合**

【問題 5】 土工に関する問題

盛土材料として望ましい条件の記述

盛土の材料については，主に**「道路土工ー盛土工指針」4-6 盛土材料**に示されている。

〔解答例〕

・敷均し，締固めの施工が容易であること。

・締固め後が強固であること。

・締め固め後のせん断強さが大きく，圧縮性が少ないこと。

・雨水などの浸食に対して強いこと。

・吸水による膨張が小さい（膨潤性が低い）こと。

・透水性が小さいこと。

上記について，**2つを選定し記述する。**

選択問題（1）（問題6，問題7の選択問題（1）の2問題のうちから1問題を選択する。）

【問題 6】 土工に関する問題

土の原位置試験に関する語句の記入

土の原位置試験に関しては，**「道路土工ー盛土工指針」3-4-2 盛土の基礎地盤の調査**，**「土質調査法」（土質工学会）**，**「地盤調査法」（地盤工学会）**等を参照する。

〔解答例〕

(1) 標準貫入試験は，原位置における地盤の硬軟，締まり具合又は土層の構成を判定するための **(イ) N値** を求めるために行い，土質柱状図や地質 **(ロ) 断面図** を作成することにより，支持層の分布状況や各地層の連続性等を総合的に判断できる。

(2) スウェーデン式サウンディング試験は，荷重による貫入と，回転による貫入を併用した原位置試験で，土の静的貫入抵抗を求め，土の硬軟又は締まり具合を判定するとともに **(ハ) 軟弱層** の厚さや分布を把握するのに用いられる。

(3) 地盤の平板載荷試験は，原地盤に剛な載荷板を設置して垂直荷重を与え，この荷重の大きさと載荷板の **(ニ) 沈下量** との関係から，**(ホ) 地盤反力** 係数や極限支持力等の地盤の変形及び支持力特性を調べるための試験である。

(イ)	(ロ)	(ハ)	(ニ)	(ホ)
N値	断面図	軟弱層	沈下量	地盤反力

【問題 7】 コンクリートに関する問題

レディーミクストコンクリートの受入れ検査に関する語句の記入

レディーミクストコンクリートの受入れ検査に関しては，**「コンクリート標準示方書［施工編］」検査標準：5章 レディーミクストコンクリートの検査**を参照する。

〔解答例〕

(1) スランプの規定値が12 cmの場合，許容差は± **(イ) 2.5** cmである。

(2) 普通コンクリートの **(ロ) 空気量** は4.5%であり，許容差は±1.5%である。

(3) コンクリート中の **(ハ) 塩化物** 含有量は0.30 kg/m³ 以下と規定されている。

(4) 圧縮強度の1回の試験結果は，購入者が指定した **(ニ) 呼び** 強度の強度値の **(ホ) 85** %以上であり，3回の試験結果の平均値は，購入者が指定した **(ニ) 呼び** 強度の強度値以上である。

(イ)	(ロ)	(ハ)	(ニ)	(ホ)
2.5	空気量	塩化物	呼び	85

選択問題（2）（問題 8，問題 9 の選択問題（2）の 2 問題のうちから 1 問題を選択する。）

【問題　8】　安全管理に関する問題

高さ 2 m 以上の高所作業を行う場合における墜落等による危険の防止対策に関する記述

「労働安全衛生規則」第 518 条～第 523 条及び**「土木工事安全施工技術指針」**等に示されている。

〔解答例〕

具体的な安全対策

・足場を組み立てる等の方法により作業床を設ける。

・作業床を設けることが困難なときは，防網を張り，労働者に要求性能墜落制止用器具を使用させる。

・作業床の端，開口部等で墜落により労働者に危険を及ぼすおそれのある箇所には，囲い，手すり，覆(おお)い等を設ける。

・囲い等を設けることが困難なときは，防網を張り，労働者に要求性能墜落制止用器具を使用させる。

・強風，大雨，大雪等の悪天候のため危険が予想されるときは，労働者を従事させない。

・安全に作業を行うための照度を確保する。

上記について，**2 つを選定し記述する。**

【問題　9】　環境保全対策に関する問題

ブルドーザ又はバックホウを用いた建設工事の具体的な騒音防止対策に関する記述

ブルドーザ又はバックホウの騒音防止対策に関しては，**「建設工事に伴う騒音振動対策技術指針」　第 6 章　土工**等に示されている。

〔解答例〕

具体的な騒音防止対策

・低騒音型の建設機械を使用する。

・ブルドーザの作業時に，不必要な空ふかしや，高負荷での運転を避ける。

・ブルドーザの作業時に，後進時の高速走行を避ける。

・夜間や休日での作業を自粛する。

・作業現場に防音シートを設置する。

上記について，**2 つを選定し記述する。**

図解でよくわかるシリーズ ホームページ

豊富な図解や写真，親しみある挿絵と解説の「図解でよくわかるシリーズ」の「ホームページ」には，「新刊本のお知らせ」，「本の内容を見る」，「正誤情報」，「各種書籍の購入」等ができます。ぜひご覧ください。

https：//www.henshupro.com

本書の内容についてお気づきの点は

「Lesson 1 経験記述」及び巻末付録「令和 4 年度　第 2 次検定試験問題解説と解答試案」を除く，本書に記載された記述に限らせていただきます。

質問指導・受験指導は行っておりません。

必ず「2 級土木施工管理技術検定　第 2 次検定　2023 年版　○○ページ」と明記の上，郵便又は FAX（03-5800-5725）でお送りください。

お問い合わせは，2024 年 1 月 31 日で締切といたします。締切以降のお問合せには，対応できませんのでご了承ください。

回答までには 2~3 週間程度かかる場合があります。

電話による直接の対応は一切行っておりません。あらかじめご了承ください。

図解でよくわかるシリーズで

好評発売中

■A5判
本文2色：384頁
付録1色：　80頁
定価 2,500 円＋税

令和５年３月刊行予定

■A5判
本文2色：336頁
付録1色：　16頁
定価 2,800 円＋税

施工管理技術検定に挑戦

好評発売中

■A5判
本文2色：368頁
付録1色：128頁
定価 3,600円＋税

好評発売中

■A5判
本文2色：392頁
付録1色：144頁
定価 4,000円＋税

著者紹介

速水　洋志　はやみ　ひろゆき

経　　歴：東京農工大学 農学部 農業生産工学科（土木専攻）卒業
主な資格：技術士（総合技術監理・農業土木）/測量士/
環境再生医（上級）
主な著書：図解でよくわかる
1級土木施工管理技術検定　第1次検定
図解でよくわかる
1級土木施工管理技術検定　第2次検定
図解でよくわかる
2級土木施工管理技術検定　第1次検定
図解でよくわかる
1級造園施工管理技術検定　第1次検定 第2次検定

吉田　勇人　よしだ　はやと

経　　歴：国土建設学院卒業
主な資格：1級土木施工管理技士/ＲＣＣＭ（農業土木）
主に著書：図解でよくわかる
1級土木施工管理技術検定　第1次検定
図解でよくわかる
1級土木施工管理技術検定　第2次検定
図解でよくわかる
2級土木施工管理技術検定　第1次検定

企画・取材・編集・制作■内藤編集プロダクション

図解でよくわかる
2級土木施工管理技術検定 第2次検定 2023年版

2023年2月16日　発　行　　　NDC 510

著　　者　速水洋志　吉田勇人

イラスト　なかどくにひこ

発行者　小川雄一

発行所　株式会社 誠文堂新光社
〒113-0033　東京都文京区本郷3-3-11
（販売）電話 03-5800-5780
https://www.seibundo-shinkosha.net/

印刷・製本　図書印刷 株式会社

ISBN978-4-416-52362-9